U0264632

国家出版基金项目
NATIONAL PUBLICATION FOUNDATION

王珺◎著

银光辉秘语

云南少数民族银器

云南出版集团

云南人民出版社

图书在版编目（CIP）数据

银辉秘语：云南少数民族银器 / 王珺著. –– 昆明：
云南人民出版社, 2018.12
　ISBN 978-7-222-18030-7

Ⅰ. ①银… Ⅱ. ①王… Ⅲ. ①少数民族 – 银 – 手工艺
品 – 研究 – 云南 Ⅳ. ①TS934

中国版本图书馆CIP数据核字（2019）第003778号

出 版 人：李　维　　赵石定
项 目 统 筹：殷筱钊
项目负责人：段兴民　　金学丽

责 任 编 辑：金学丽　　马　滨
责 任 校 对：王以富
装 帧 设 计：马　滨　　梁　鹏
责 任 印 制：代隆参

银辉秘语——云南少数民族银器

王　珺　著

出版　　云南出版集团　云南人民出版社
发行　　云南人民出版社
社址　　昆明市环城西路609号
邮编　　650034
网址　　www.ynpph.com.cn
E-mail　ynrms@sina.com
开本　　787×1092mm　1/12
印张　　$24\frac{1}{3}$
字数　　360千
版次　　2018年12月第1版第1次印刷
印刷　　昆明富新春彩色印务有限公司
书号　　ISBN 978-7-222-18030-7
定价　　260.00元

如有质量问题请与印刷厂联系调换。编辑部电话：0871-64191964

云南人民出版社微信公众号

目　录
CONTENTS

目　录
CONTENTS

前　言

　　云南是盛产银和银器的地方，早在先秦时期就有了银矿的冶炼、银器的制造与使用。得天独厚的自然环境与各具特色的民族文化孕育出了绚丽多彩的云南少数民族银器文化。云南少数民族银器种类繁多、构图精巧、造型万千、技艺精湛，以其高超的工艺水平、丰富的人文内涵、多样的艺术表现著称。

　　云南少数民族银器忠实记录了各民族的审美情趣、风俗习惯、自然环境和社会生活，具有独特的历史文化价值。它不仅继承了中国传统银器的制作方法和审美取向，更将少数民族文化、华夏文明和东南亚区域文化融入其中，形成了多种文化相融合的装饰体系，构建了多元文化交流的载体。可以说，云南少数民族银器是云南历史文化的重要载体，是文化传承的重要方式和途径，具有鲜明的民族特色和极高的历史、文化及艺术价值。云南少数民族银器的价值，不仅体现在其精巧的工艺、美妙的图案中，更重要的是掩藏在少数民族穿戴、使用银器背后的文化与故事中。云南少数民族银器具有多层次的文化符号，人们可以从中体会观念、情感的传递与表达，也可以探寻寻根记事的历史印记。对云南少数民族银器文化的梳理，旨在"以物论史，透物见人"，从一个新的视角来认识云南多姿多彩的民族文化，认识云南各民族历史文化与中华民族历史发展整体性间的紧密联系。

　　作为云南民族文化的重要组成部分，云南少数民族银器在全球化的浪潮中受到了前所未有的强烈冲击和严峻挑战。千百年来这块土地上人们创造、使用、传承的银器，脱离了原来的生产、生活环境的人们，对其背后的文化内涵与传说故事也逐渐失去了理解、体验的氛围。然而我们必须认识到，全球化趋势愈发迅猛，保存各个民族、地域内文化的多样性就愈发迫切。遗留至今的云南历代少数民族文物是忠实记录云南少数民族历史与文化的宝贵遗存，其文化底蕴是中华民族赖以生存发展、走向未来的文化根基。

　　目前学界对云南少数民族银器的研究积累了丰硕成果和众多研究学者，不仅为人们了解云南少数民族银器及其文化提供了精彩资料，而且为研究的进一步深化奠定了基础。银饰是云南少数民族银器中数量最大、使用最为普遍的种类，研究成果也最为丰硕。孙和林著《云南银饰》、杨德鋆等编著《云南民族文物·身上饰品》对云南少数民族银饰的历史、分类、工艺等内容进行了梳理。前者以个人收藏或田野调查为基础，文笔优美、资料丰富；后者以云南民族大学博物馆藏品为基础，对云南少数民族饰品进行了全面介绍，选材经典、分类系统、研究扎实、论述精彩，是全面了解、研究云南少数民族传统饰品及银饰的必读书籍。除了专门研究银饰的书籍外，有关云南少数民族服饰、云南民族民间工艺美术、博物馆藏品图录及考古报告等的书籍中对云南少数民族银器及其工艺也有或多或少的介绍。随着研究的深入，对云南少数民族银器历史文化内涵的挖掘逐渐成为关注的热点，人们不断尝试从理论框架的建构及图案纹样内涵的具体解读中展开实践。邓启耀著《民族服饰：一种文化符号——中国西南少数民族服饰文化研究》从文化符号的角度为人们认识少数民族服饰文化构建了理论框架，也为人们理解银器文化内涵提供了崭新视角。白永芳著《哈尼族服饰文化中的历史记忆——以云南省绿春县"窝拖布玛"为例》在扎实的田野调查的基础上，从历史文化的角度对哈尼族银饰的历史内涵及使用方式做了深入研究，是从单个民族历史文化、服饰文化角度对银饰研究的典范。除此以外，还有一些以单个民族的银器为主要对象，从艺术、设计、传承、运营等视角展开的研究，以论文居多，主要涉及傣族、哈尼族、佤族、彝族、白族、德昂族等。由于篇幅有限，在此不一一赘述。

针对云南少数民族银器的研究现状和自身特点，本书在资料收集、研究对象及视角等方面做了一些尝试。在以省内博物馆、文化馆所藏出土文物资料和藏品为研究对象的基础上，力图通过对来源清晰、种类齐全、时间跨度大、历史价值及艺术价值高的云南少数民族银器实物进行梳理，为人们了解云南少数民族银器的整体发展历程、开展研究提供可靠参考。首先，对云南少数民族银器进行分类整理，探讨对象不局限于云南少数民族制作的银器，也包含其使用的银器。除了常见、认知度较高的银饰外，将生活用品、宗教用品、档案文献等较为少见的类别也纳入考察范围，力图展现云南少数民族银器的全貌概况。其次，在对银器的丰富种类、精美图案、精湛技艺进行介绍的同时，也注重展示其丰富的历史文化底蕴。尤其是对银器文化内涵产生重要影响的诸多因素，从生产方式、生活方式、价值观、宗教信仰及历史文化等方面进行解读。最后，对槟榔盒、造像、金石档案等云南少数民族银器中鲜为人知而价值最高的门类进行初步梳理与研究，力图为相关研究提供新材料，也为人们了解、欣赏云南少数民族银器提供更丰富的实物资料。其中南传上座部佛教塔铭及僧侣晋升档案为首次披露及翻译，展现了云南少数民族银器独特的使用方式与价值。

通过对深藏在博物馆中的云南少数民族银器进行梳理，让博物馆里面的民族文物活起来，这是博物馆作为公共文化服务重要阵地在保护文物的基础上利用文化遗产为当地经济、社会发展服务的实践，也是实现民族复兴中国梦、提升文化软实力的重要途径。通过对云南少数民族银器精彩实物的梳理与展示，对其历史文化内涵进行发掘，展示银器背后的故事与历史，让更多人关注、了解、欣赏这一古老的民族民间艺术，为专业人员提供翔实丰富的研究资料，为云南少数民族银器的传承者提供创新的灵感源泉。总之，希望能对促进云南少数民族文化发展繁荣，保护、传承、发展云南少数民族银器有所助益。

精美的银器及少数民族穿戴与使用，用最直接的影像，真实、生动地向人们展示了云南绚丽多彩、蔚为大观的历史与文化。让我们通过这些灿烂多姿的艺术珍品，近距离地感受来自过去、现在的历史与文化印记，捕捉历史河流中将要逝去的光影与趣味，开启一段云南的文化之旅！

缘起：云南少数民族银器之光

第一节 滋养云南少数民族银器的土壤

一、多彩云南孕育灿烂银器文化

云南，一个被遐想为"彩云南现"的红土高原，美丽而神秘，是最适合人类居住的地区之一。作为青藏高原的南延部分，这里的山川走势西北高、东南低，从海拔6740米的德钦梅里雪山主峰到海拔76.4米的河口县元江河谷，大自然的鬼斧神工在这里造就了无数神奇瑰丽的风光。人们既可以欣赏到雪山、河流、湖泊、高原、坝子的无限风光，同时也可感受从热带雨林到雪域高原的景观变迁。"一山分四季，十里不同天"是这里的真实写照，既可见长冬无夏，春秋相连，也有终年如夏，遇雨成秋，更多见四季如春。独特的生态与气候条件下，云南是中国乃至世界上物种多样性最丰富的地区之一，被视为物种最具多样性的斑斓之地。复杂多样的地貌及生物的多样性，赋予了适宜人类生存与发展的自然环境条件，这是孕育云南历史文化的根基。

在这块神秘多彩的土地上，聚居着古老而众多的民族，人们在这里创造出五彩斑斓、千姿百态的民族文化。作为中国少数民族成份最多的省份，云南共有8个民族自治州，人口5000以上并有固定分布范围的少数民族有25个，其中白族、哈尼族、傣族、傈僳族、佤族、拉祜族、纳西族、景颇族、布朗族、普米族、怒族、德昂族、独龙族、阿昌族、基诺族等民族为云南特有少数民族。几千年来人类社会发展所经历的不同社会经济形态在云南少数民族中都可以找到典型或并不十分典型的反映，可以说，云南就是"一部活的社会发展史"，民族文化极其丰富多样。不同的自然环境与物质条件，造就了各个民族不同的生产、生活方式和思想观念。由于云南少数民族大杂居小聚居、立体分布，因此居住在同一地区的不同民族在银器的制作与使用中会互相影响，不同民族在银器风格与喜好上会有相似之处。而即便是同一民族，居住在不同地域、隶属不同支系、生活在坝区或者山区、社会经济水平不一样，对银器的审美及使用也可能有很大的不同。

生活在德宏地区的阿昌族不仅善于制作户撒刀，还善于制作银饰。他们制作的银饰，主要有银镯、银项圈、银纽扣、银泡花、银刀把、银刀壳、银花、银耳环、银戒指、银腰链等，不仅供本民族使用，还提供给生活在附近的景颇族、傣族、傈僳族以及汉族。即使是同一类产品，不同民族的喜好可能就有很大不同。傣族喜欢空心的扁镯，景颇族喜欢臂钏类的长镯，阿昌族喜欢六棱或四棱银镯；景颇族喜欢将大银泡装饰在衣服前后，傈僳族喜欢将小银泡密密排列后装饰在前襟，傣族妇女则喜欢用银泡来做纽扣；阿昌族喜欢实心项圈，景颇族喜欢空心项圈，傣族和汉族喜欢粗扭项圈，傈僳族喜欢扁项圈。有的银器种类则跨越地域，跨越民族受到广泛欢迎，如挂链上都喜爱装饰银币，坠须多见柳叶形叶片和小三角形银铃。对于同一民族不同支系而言，使用的银器常常在纹饰或风格上有所有同。支系众多的哈尼族妇女喜爱在上衣装饰菱形或圆形银牌，但不同地区在使用中也存在一些差异。建水、金平、元阳的哈尼族多使用一枚银牌佩于胸前，绿春的哈尼族一般成对佩戴于胸前，元阳的哈尼族则佩戴于左右腋下。即便同样使用圆形银牌，不同支系喜爱的纹饰也有所区别。建水哈尼族多使用"太阳芒纹"银牌，西双版纳哈尼族多使用"四鱼型"银牌，元阳哈尼族多使用"鱼、鸟、蛙、蟹"和"四鱼型"银牌。傣族的三个支系——旱傣、水傣和花腰傣，所使用的银器风格大不一样。旱傣服饰尚黑色，妇女上衣领扣和前襟喜爱装饰小银泡，银领扣的造型也十分丰富，总体风格端庄灵秀；水傣女子则在筒裙上装饰了大量坠须银铃，尤为喜爱银腰带，礼服上使用大量錾花银牌、银泡、披肩等鎏金银饰品，富丽堂皇；花腰傣使用的银饰多为银泡、银铃、银坠须，搭配绚丽斑斓的精美刺绣与彩带，华美艳丽。居住在交通沿线和坝区的白族、壮族、回族、纳西族等民族，与汉族大杂居、小聚居的彝族、哈尼族等民族，在独具民族特色的同时保留了较多的汉文化因素。

地处中国西南边疆的云南，与老挝、越南、缅甸等国山水相连，是中国与东南亚、南亚国家相连接的枢纽和门户，来自中原内地、青藏高原、南亚、东南亚乃至西方的各种文化、文明在这里碰撞、融汇。西双版纳及德宏地区傣族遗留的大量精美银器，展现了汉文化、少数民族文化、东南亚文化的交流融合。基诺族、布朗族、佤族、景颇族、傈僳族、怒族、独龙族等民族，则在银器上不同程度保留了原始崇拜和东南亚古文化的因子。

灿烂独特的云南少数民族银器文化，正是由生活在云南的各族人民在既定的地理位置、自然生态条件下，共同创造、延续至今。复杂多样的自然环境与多姿多彩的民族文化赋予了云南少数民族银器独特的灵性，奠定了云南少数民族银器种类繁多、独具特色的物质文化基础。

二、悠久历史铸就鲜活精彩

作为云南民族文化的重要历史遗存，云南少数民族银器经历千百年的岁月磨砺后，成就了独特的魅力与精彩。

（一）云南银矿资源及其开发

云南矿产极富，尤以金属矿产为丰，被称为"有色金属王国"，金、银、铜、铁、锡、铅、锌等矿产历史上都有开采和提炼，这为少数民族银器的发展提供了坚实基础，推动了银器艺术的兴盛。

云南金属矿产的开发，大约始于公元前11世纪的殷商时期，历经西周、春秋战国、秦汉两晋南北朝，直至唐宋元明清、民国。大约三千年的时间里，云南矿产的开发一直持续进行，种类不断增多，生产规模不断扩大，新的矿种及场地不断被发现。而银矿的开发是云南矿业开发中极为重要的一类,其冶炼历史也十分悠久,早在两千多年前云南古代居民即开始开采银矿和使用银器。《汉书·地理志》载:益州郡"律高……出银、铅";"贲古,……出银、铅"。(按:律高即今通海、曲溪;贲古,即今蒙自、个旧。)又"朱提,山出银"。(按:朱提,即今昭通、鲁甸、永善。)《后汉书志》载"朱提,山出银、铜";"双柏出银"。(按:双柏即今易门、双柏、新平等地。)《后汉书·哀牢夷》记载哀牢出铜、铁、铅、锡、金、银……(按:哀牢即今腾冲、龙陵、德宏、临沧等地。)此外,《续汉书·郡国志》和《华阳国志·南中志》都有记载云南银矿的分布情况。在滇南、滇西、滇东北的广大地区,均有滇银的产地。

西汉时,云南银器制作和铜银合金工艺均达到较高水平。但云南青铜时代的遗物中银器较少,据考古资料证实,最早出土的银器遗物主要有西汉石寨山13号墓出土的1件银节约、德钦永芝出土的银饰片、石寨山7号墓出土的有翼虎镶石银带扣。它们是云南少数民族先民在两千年前使用银器的物证,也折射出云南开采银矿和炼银、制银、使用银器的久远历史。南诏大理国时期,云南银矿的采冶和银器制作已经较为发达。据《云南志》《续博物志》记载,会川,即会同川,南诏、大理国境内,在今四川会理,是这一时期云南境内的银矿主要产地。当时生产的银主要用于铸

造佛像和生活用具,大理千寻塔出土的大量珍贵文物充分说明了这一时期云南银器制作的工艺水平及使用范围。木芹先生的《南诏野史会证》提及南诏劝丰祐时,用银5000两铸佛像一堂。《〈云南志〉校注》中也曾提及南诏王及其家族使用的餐饮器具和饰品,多见金银所制,如金盏、银水瓶等。

从元代开始,白银和黄金一起,成为云南矿业开发的重点,其产地与产量均大大增加,白银产量跃居全国首位。据《元史·食货二·岁课》记载,云南产银地为"四路一司",即威楚路、大理路、临安路、元江路和金齿宣抚司。元代天历元年(1328年),云南一个省的课银额367843两,是全国课银量(775610两)的47.43%。据《元史·百官志》载,元代在云南已设立有专管银匠技艺的银局。明清时期的滇银开发盛极一时,杨寿川先生的《云南矿业开发史》就对云南的银矿开发历史做了详细梳理。明代滇银的银厂数量大约占到全国银厂总数的1/3,不仅银厂数比元代大为增加,产银量也是独占鳌头。从天顺二年(1458年)到弘治十七年间(1504年),除成化九年(1473年)占50.07%外,其他年份滇银产量均占全国总量60%以上。"弘治元年云南银课52380两,产银174600两,占全国总额的64.4%;弘治十七年银课31900两,产银106333.33两,占全国总额达99.93%。成化九年云南产银最低,年产量为87000两;天顺四年产银最高,最高年产量341266.66两。"明末宋应星《天工

开物》言，明代产银"合八省所生，不敌云南之半。凡云南银矿，楚雄、永昌、大理为最盛，曲靖、姚安次之，镇沅又次之"。云南成为明代全国最主要的白银生产地，其产量和银课均居于各省之冠。元代及明代的云南，虽然是全国重要的白银产地，但生产的白银主要是作为国家货币储备使用，当地银器及银饰的生产及使用相对庞大的产量而言就少得多，这从云南地区明代墓葬出土的银器数量就可见一斑。在曾出土了众多金器的沐氏家族墓葬中，银器的数量有限，多为小件饰品。与明代云南汉墓出土银器较少不同，在明代景东傣族土司陶氏的6座墓葬中，有5座出土了大量银器，其中既有生活用具也有饰品，总数近300件，一定程度上反映了明代云南少数民族银器使用的情况。

清代初期，政府鼓励商民自由开矿，采炼所得，政府除征收20%的税收外，其余归商民所得。乾嘉时期，滇银最多年产量达100多万两。从康熙二十四年（1685年）到道光二十年（1840年），云南先后报开银厂45个，铜、银厂数均列全国第一，银厂分布占到全省24个府的一半，分布较为普遍。从清嘉庆开始，滇银逐渐走向衰落，到了清末民初，大批银厂因故停办，至清末民初，"据估计，全省银产量，每年不下（上）十万两"。云南银矿大多分布在山区，随着清代银矿业的大规模开发，大量人口、物资与资金流入，促进了内地与边疆的经济文化交流，其中茂隆、

慕乃、悉宜等银厂地处少数民族地区，有的还由当地土司管办。丰富的银矿资源，不仅为中原王朝提供了源源不断的白银，也对云南少数民族社会生活及经济发展产生了重要影响。云南银器也在这一社会经济文化交流过程中受到很大影响，无论是在形制、工艺还是装饰风格上都有体现，许多内地喜闻乐见的款式及纹饰图案也被广泛运用在云南少数民族银器中。民国初年，滇银开采逐渐衰落甚至停顿，但滇越铁路的通车使得云南与外面世界的交流深度、广度不断扩大，大量外国银币、内地银圆源源不断涌入铁路沿线的少数民族地区，成为近代云南重要银源之一。

在丰富的银矿资源为云南少数民族银器的发展奠定了坚实物质基础的同时，银矿的开发也为云南带来了先进的冶炼技术和制作工艺。社会经济文化间的频繁交往，为内地、东南亚地区与云南少数民族间银器文化的交流提供了机遇，提高了云南少数民族银器的工艺水平，丰富了银器的造型艺术。

（二）民俗助力银器造物

云南各族人民对银的热爱称得上是情有独钟。从日常生活到生老病死，银器无处不在。无论是头上、胸前、腰间，还是生活中，都可以看见用银制作的各类饰品与用具。在等级森严的封建社会中，金器的佩戴有着严格的等级规定，银器的使用更为自由，因此受到各个阶层的喜爱及普遍使用。对银器的热爱及蕴含其中的种种深义，让银器的使用逐渐演变为各个民

族代代相承的传统习俗，反过来又促使银器的制作工艺不断传承、发展，以满足人们的需求。

首先，银器的使用与少数民族独特的历史文化传统有着密切联系。银器的使用不仅象征着当下生活的富足、驱邪祈福，还预示着未来日子的美满富裕。无论贫富，父母从女孩小时候开始就要准备银饰作为嫁妆；女孩成年时，要佩戴衬托美貌的银饰来透露求偶的信息；成家后的女孩，佩戴的银戒不再是为了显示魅力，而是为了显示自己善于持家，因为在传统观念里善于持家的主妇才能戴满银戒；生育后的妇女则褪下大部分银饰，准备将之传给女儿或者儿媳。除此之外，"在云南民间，当人们的家中有小儿出生，或是为女儿置办嫁妆，或是男主人做寿等喜庆事件时，都是要提前若干天、甚至在数年前就要准备相关的银饰了"[1]。

其次，云南少数民族对银器的喜爱与需求，推动众多民族形成了独具特色的制作工艺，达到了极高艺术水平，形成了以昆明、大理、思茅、普洱、玉溪等地为中心的金银器加工集散地。彝族、苗族、傣族、白族、阿昌族等民族的银制品都具有十分高超的工艺水平，形成了各民族独具特色的银器艺术。昆明向来为金银器制作的重要集散地，至1910年，城内共有银铺192户。新平的银器加工业始于明嘉靖年间，新化

州城南门有银铺2户，清代时除县城外多处城镇都有了银铺加工银饰，民国时全县共有加工店54户，从业人员117人，不仅加工银饰还制作银器具[2]。清朝至民国时期，思茅的银器加工驰名省内，从事银器业及加工的共20余家，主要生产银首饰、餐具、刀叉、银烟筒等。……民国初年，思茅送云南省金银工艺品展销会展出的银镂花手镯、银链、银麒麟、银项圈曾获奖匾一块，故有"银思茅"之称，产品畅销思普各县和省内许多地方[3]。清代中期通海县内就有制作银饰品的工匠，民国时期通海县的银楼、店铺达到十多家，生产彝族、蒙古族、汉族的银饰80多个品种，200多个花样[4]。

银器看似简单，却与人们的生产、生活实践息息相关，它在云南少数民族社会生活中承担了重要的纽带功能，经济、文化间的交流折射在银光流转中。云南少数民族对银器的情有独钟推动了云南少数民族银器艺术的发展。

（三）民族民间艺术的滋养

云南少数民族银器是云南少数民族文化与艺术独特的物化形式与传承途径，体现了云南少数民族的内在气质、精神动力，以丰富的文化内涵，鲜活地展现了

---

① 徐艺乙：《谈云南的银饰》，载《东南文化》2000年第4期，第26—29页。

② 新平彝族傣族自治县县志编纂委员会编：《新平县志》，生活·读书·新知三联书店1993年版，第201页。

③ 思茅县志编纂委员会编：《思茅县志》，生活·读书·新知三联书店1993年版，第120页。

④ 通海县史志工作委员会编纂：《通海县志》，云南人民出版社1992年版，第199页。

少数民族的历史、文化、审美与个性。它的发展，得益于这片多民族文化共存的沃土所遗留的云南民族民间艺术宝库。同时，代代相承的银器艺术，也不断为其他种类的民间艺术提供灵感的源泉。

一方面，云南少数民族银器艺术承袭了云南民族民间艺术的一贯风格。数千年来，人们从生活的直接需求出发，基于对永恒美的追求，用多种方式表达着自己对世界的感知。云南民族民间艺术在这样缓慢而稳健的发展、传承中，形成了质朴率真、刚健清新、不矫揉造作、不炫耀技巧的风格。民族民间艺术的创作者将情感与愿望用自己的方式坦率地表达在作品中，没有单纯地追求技艺，而是注重来自人们心底对美的感受，这样创造出来的艺术品，直击心灵，让人看到的是来自远古的艺术源头，看到梦的诞生，看到记忆中的色彩与味道，记录下来自神灵与人间、灵与魂的瞬间与永恒。云南少数民族银器艺术作为云南民族民间艺术的组成部分，同样深受这种创作风格的影响，其作品饱含创作者和使用者的情感，风格集合了天真质朴与细腻华丽，率真地表达着穿戴者对美和财富的追求。

另一方面，从云南民族民间艺术中，银器与其他各门类艺术相互影响，相互借鉴，积淀了丰富的艺术成就和美学价值，诠释了多元文化间的交流与融合。通过银器与其他门类艺术间的互动，如木雕、壁画上记录的银制饰品与器皿，花鸟鱼虫等图案在不同地区的流传、使用与演变，我们得以看到银器艺术的源头与流向，也看到银器上多元文化间的交流与融合。

经过两千多年的发展，云南少数民族银器已发展成为种类繁多、工艺精湛、纹饰风格多样、深入生活的民族民间艺术。无论饰品、用具还是文献档案，都反映出银器在不同阶层、不同生活侧面的应用，具有明显的地方色彩和浓郁的民族风格，孕育了银槟榔盒、记事银片等独具特色的银器种类。

作为云南民族民间艺术的重要组成部分，云南少数民族银器具有浓郁的地方民族特色，文化渊源多元、艺术风格多样，但始终是中华民族文化多元一体格局中的重要组成部分。在广泛吸收和借鉴其他民族、其他地区文化的工艺手法和装饰图案的同时，无论是形制、纹样还是意蕴，我们都能看到各民族、地域、文明间的交流与碰撞，同时，云南少数民族银器文化为中华文化增添了灿烂的一笔。

第 二 节 银器背后的秘语

作为文化的独特载体与符号，云南少数民族银器记录下人类文明从远古走来的足迹，它的产生、发展与演变，反映了不同时期、不同民族的社会经济、文化变迁甚至是环境变迁。云南少数民族银器具有独特的物质和精神双重价值，是云南少数民族除了奇美服饰之外独具云南特色的文化符号。银器的独特内涵不仅镌刻在纹饰与形制上，更蕴含在穿戴与使用中。古老的文化、历史的传承，汇聚于此，是属于各个少数民族鉴古知今的秘密宝藏。

一、银器的文化符号

银器作为一种可以表述、交流、储存、传达各种文化信息的载体，蕴含了物、人、自然、心理乃至历史人文等庞大信息。这些信息通过提炼、加工、概括，最终被浓缩在小小的物件中，在一定的语境下以特定的符号表达特定的信息。这种特定的表达方式，就是银器的文化符号。银器的文化符号到底讲的是什么呢？简单来说就是银器它本身是什么，怎么使用，为什么使用。银器所诉说的故事，蕴含的文化内涵，归根结底都是围绕这些内容展开的。

从这个角度来说，云南少数民族银器所蕴含的文化符号就可以从三个层面上来理解：首先，银器的实用功能。银器自身所具有的功能与属性从其命名上就有明确的指述，让人一目了然。如银戒指、银耳环、银手镯、银槟榔盒等，从其名称就可以获得相关物品的功能信息，其指向性与表述的功能信息十分明显。其次，银器的表现功能。银器蕴含的丰富民俗信息，是通过显性或隐性的表现方法，直接或间接地将象征的意象或者蕴含的观念以及情感传达给使用者与欣赏者。各个民族的历史、文化、生产生活、自然环境等信息，都用特定的表达方式书写在银器中，人们可以通过这些银器文化符号的解读，看到、看懂这些银器，看懂创作者、使用者传达的种种信息。最后，银器的传达功能。作为符号，银器具有最重要的传递功能。这种传递，既有最直接的以银为载体，以文字、图案乃至形制来描述、表达的种种信息，也有隐喻般需要细细体会的内容。这些隐喻的内容所传递的信息属于留下符号的那些人们的过去、现在和未来，只有在特定的语境下才能深刻体会到它的内容。对创世神话的记忆，对日月星辰的崇拜，对大自然的崇拜，祖祖辈辈所走过的路、所经历的历史，在时光长河中虽已远去却并未消失，而是被深深刻在血脉中，这种文化的DNA在脱离了一定的生活环境后也许会被淡化、遗忘，但却被人们以这样或那样的方式在不经意间留下星星点点的痕迹。在以口承文化为其文化特征的众多少数民族中，装饰艺术与纹样甚至就是一种无字的史书。银器在某种程度上，起到了"述古记事、寻根忆祖、承袭传统、储存文化"的巨大作用。

在对生活进行记录的同时，银器上凝结了人们数百年乃至数千年来对美的理解与追求，无论是材质、图案还是形制、功能，都是人们从史前艺术就开始积攒的对美的追求，这绝不是一个地区、一个民族所独有的，我们可以感受来自各个民族多元文化及多个文明间的交流与碰撞。银器的图案与纹样在继承了原始艺术的同时，也加入了创造者们的审美意识。正因为经历了"艺术与神灵崇拜、图腾崇拜和巫术难分难解的阶段"[1]，它才能承载种种文化符号与信息，成为一种"有意味的形式"。历代的创造者不断加入的、不自觉的审美意识赋予了银器适应时代的生命力，使之能够在时光穿梭中一如既往地得到喜爱并流传下去。通过云南少数民族银器，我们不仅可以"见到"创造者、使用者生活的时代，"感受"创作者及那个时代人们的思想与情感，更可以通过后来人穿越时空的解读，感应前人的所思、所想与所望。这些文化符号，是我们在欣赏其纯粹美时应当体会的内容，也是云南少数民族银器绵延至今的内在生命力，更是其传承发展的关键所在。

二、观念与情感的传递媒介

经过历史积淀形成的民俗信息是银器文化符号中最为普遍而重要的内容，蕴藏于民俗中的种种观念通过银器这一载体，以情感为基础，以图案、造型及使用为手段，将难以捉摸的观念转化为大众可以接受的信息，最终实现了观念与情感的传递与继承。

银，是美的象征，是辟邪的象征，是财富的象征，这是凝结、传递在银器上最初也是最重要的观念。追溯银器作为人类身体装饰的艺术历程，不难发现，银器的诞生、发展、演进，最初也许源于审美的本能、求偶的需要、心理的满足，随后逐渐拓展为财富地位的象征、身份的炫耀，并以此来突出自身存在价值，成为实现自我、展示自我的一种表现方式。人们通过佩戴、使用银器，实现了对审美情趣的认同，对身份、角色的认同，甚至成为一种独特语境下的表意与表述方式。

"艺术总与一定时代社会的实用、功利紧密纠缠在一起，总与各种物质的（如居住、使用）或精神的（如宗教的、伦理的、政治的）需求、内容相关联。"[2]对美的追求，一直贯穿于人类历史中，云南少数民族银器作为一种文化载体，不仅为我们研究云南少数民族历史、经济和文化提供了"活化石"，而且向我们展示了云南少数民族丰富多彩的审美价值理念。无论是以大为美、造型朴拙，还是精致细巧、繁复绝美，那些闪闪发光、造型丰富、

---

① 吴平：《浓缩于图画和纹样中的情感——云南民族民间古代视觉艺术文化内涵初探》，载《山茶》1993年第6期，第51页。

② 李泽厚：《美学四讲》，天津社会科学出版社2001年11月版，第222页。

纹样多样的银器，以其突出的装饰效果，给人以丰富的美感享受，体现了云南特有的地域和人文底蕴，称得上是造型和艺术的完美结合。有动有静、有声有色的云南少数民族银器，不仅为云南少数民族服饰增添了装饰作用，更是云南少数民族在生活中独特的对美的追求。

在任何一种审美形式的背后，都必然包含着历史的、社会的、民族心理的甚至是宗教的文化意蕴。在云南少数民族心中，白银是光明和幸福的象征，洁白耀眼的白银可以为人们除灾祛病、驱魔避邪，能给人们带来温暖、光明和幸福。云南少数民族银器以其独特的吉祥寓意，满足了祈愿的社会功用价值，而这也正是它在千百年来少数民族生活中得以流传至今深受欢迎的一个重要原因。没有文字的少数民族，由于文化表现形式相对受到限制，文化传输方式的渠道狭窄，银器便被赋予了传递文化信息的重任。在这种文化信息的传递过程当中，纹样的吉祥寓意表达出人类祈求平安幸福安康的永恒不变的主题。傣族在建筑房屋时，会给木柱挖地基，如果挖到铁、钢刀、木桩、树干等物时，会认为是不吉祥的，主人将发生灾难。为解除灾难，就会在发现这些不吉祥物品的地方，埋银子少许以免灾。而银器中海量吉祥纹饰的使用，也将祈愿的功能发挥到了极致。

作为云南少数民族生活中不可或缺的重要组成部分，长久以来，佩戴银器和使用银器是云南少数民族人民显示财富、地位和身份的一种方式，受到普遍的珍视和喜爱。银饰佩戴的多寡，不仅是日常和节庆的区别，还是不同年龄身份的象征。在佩戴银器时以多为美、以重为美，银器越多、越重就象征财富越多。在重大的节日或活动中，身着盛装、佩戴尽可能多的银器，是女性展示富有、美丽的重要途径。少女最美的时候，佩戴的饰品常常最为丰富，一旦结婚生子，佩戴饰物就逐渐减少，其省下的饰物将作为青春靓丽以及财富、地位的标志在未来传予女儿或儿媳。

云南少数民族银器中，对于银币的普遍使用也是财富观念的另类体现。一方面，银币在近代以来作为货币的重要形式，某种程度上为少数民族制作银器提供了物质基础；另一方面，银币在银饰中的采用，可以更直接象征财富。白永芳在其调查中发现，"在全福庄，令人惊讶地看到多种银币——大清银币、云南半开、袁世凯头像银币、孙中山头像银币、唐继尧头像银币、蒋介石头像银币、法国银币、美国银币、墨西哥银币……有的银币作为原料化开制作所需银器，大多数直接用于装饰。最常见的是作为衣扣或以银链相串连为须缀的一部分。调查中，曾看到一件女童上衣沿着右开襟一共钉有二十四枚银币。云南二十世纪初那段风云变化的历史，就这样被南疆的哈尼族女子不经意地点缀于衣饰之间"。从某种程度上来说，银器作为地位和财富象征的观念，推动了云南少数民族银器的繁荣。

云南少数民族银器艺术的独特价值还反映在其充满独特情趣的表意过程中。在文字发明之前，人们已经学会使用物象的组合来表示一连串发生的事情或某种特定的意思，这样的表意与表述方式，充满独特情趣。文字产生之后，这样的表意与表述方式逐渐退出历史舞台，然而在云南少数民族中，仍将其用不同方式保留了下来。银器一经点化便不再是一般的自然物或工艺品，而是具有了观念化的表意功能的非言语交际符号。通过在不同的时间、地点，以实物约定俗成的不同组合方式，把少数民族所要表达的观念同具体的物象结合起来，从而表达、领悟和把握特殊的含义。这种含义是特定社会集团所使用的信号，是少数民族间的特殊交际活动中所使用的隐语，带有一定的秘密性，为外人所不能理解。实物在特定的语境下替代了简单语言，用一种特殊的方式讲述着一个故事或表达着特定的意思。景颇族青年男女相爱时，彼此会以槟榔盒、草烟盒、手镯、项圈等物相赠，其上往往用刀砍出一道刻痕，表示"一言为定"之意。若夫妻吵架离婚，则取出"火炕刀"（结婚作为礼物的一种象征性铁刀）一对，请一位中证人将两刀并列，砍上一个缺口，男女各执其一。十字纹和菱形纹是佤族银器上的典型符号，广泛地运用在佤族生产生活和民俗活动中，十字纹被赋予了神圣、灵验的护身意义，菱形纹则被赋予了代表生殖繁衍的意义。佤族银器上的十字纹和菱形纹，不仅仅是为了审美，更是为了护佑和繁衍。在这样的使用过程中，银器成为只有在特殊语境下、特定的社会团体中使用、理解的某种隐语，实现了情感传递与表述。

三、方寸间的寻根与记事

述古寻根是人类深藏在灵魂深处的念想，对逝去时间与历史的追寻，是人们最深层次的精神需求。对于云南少数民族而言，银器所蕴含的文化符号最重要也是最特殊的功能与意义在于述古寻根、传递历史记忆。通过银器这一空间载体，无论是否拥有民族文字，各个民族都可以留下祖先的足迹，指述逝去的史实，记录并传递历史的记忆。从远古到现代，在银器这一有限的空间上，人们得以穿越时空，讲述了无数属于过去的故事，并将过去以及现在的故事传承下去。

在某种程度上，银器是历史的记录者与见证者，更是民族识别的符号。正如彝族民歌唱的，"要问老古时候的事，老辈子已绣在衣服上了；要分辨各个民族兄弟姐妹，看看穿着的和挂着的（饰品）就清楚啦！"银器背后的印记，是历史的记录，是民族的标识，是远古的呼唤，是岁月的纪念。那些有关自然崇拜、创世神话、民族标识的内容，是来自先民、穿越时空的信息；那些曾经有过的或现实中尚保持着的种种象征意蕴，是民族发展历程的印记，更是深层次情感的传达。

对自然的崇拜是人们从心底发出的一致呼喊。在原始信仰产生之初，人们的认识与思维方式十分简单，但已经开始学会崇拜自然万物与自然现象。在人类与大自然抗争的过程中，自然万物与自然现象对人类产生了直接的影响，那些最为直观的自然现象成为原始先民心目中至高无上的神灵与崇拜的对象。对太阳、月亮、星星的崇拜，大量反映在云南少数民族银器的图案中，尤其反映在银泡的集中使用上。银泡是我国西南少数民族十分喜爱的一种特殊装饰，有大有小，品种繁多，花样各异，最喜爱使用银泡的当数哈尼族、景颇族、彝族、花腰傣等。银泡的使用历史十分悠久，在战国时期银器上就已出现。密密的银泡，组成各式图案，使人想起满天繁星，想起雪白纯洁的月亮，这才是真正的"披星戴月"。在长期与自然做斗争的历史中，人们对太阳、月亮和星星产生虔诚的崇拜之情，同时也把太阳、月亮和星星作为自己的审美对象缀于衣饰之间。哈尼族的银器中，小而半圆形的银泡代表星星，大而扁圆的代表太阳和月亮，太阳、月亮、星星融合为一体，不相分离。除此之外，还可以用银泡镶成不同纹饰，表达对日月星的崇拜。弥勒彝族的男式上衣衣襟上用银泡各镶嵌两道呈同心

圆弧状纹饰，通过中心镂花银牌扣的连接，两边呈圆弧状的芒纹合为一个呈同心圆状的"星"纹，好似太阳耀眼的光晕层层扩展。弥勒彝族女帽上也有类似的"星"纹，其帽顶正中镶嵌錾花八角星形的银片，其四周沿星形纹的八个角外镶八个三角形银片，其中正"十"方向镶两层银片。这是用另外一种形式表现太阳放射的层层光晕，体现出少数民族先民对太阳的无限崇拜与敬仰。

创世神话是少数民族对远古历史的独特记录。牛纹是最具佤族文化特色的银器纹样之一，与佤族创世神话有着密切关系。在佤族创世神话中，牛救了佤族的祖先，延续了佤族的发展；在现实生活中，佤族的生产生活离不开牛，因此牛是佤族崇拜的重要图腾，银器上随处可见牛的相关图案。佤族甚至可以从服饰上追溯到遥远的创世神话"司岗里"时代。佤族女性头戴圆箍，耳坠圆环，项系银圈，手戴银镯、戒指，这种对圆环的喜爱和使用，源于对葫芦的崇拜。在佤族神话中，葫芦不仅是生命的来源，也是生命能量保存和获取的源泉，人们可以通过佩戴银质的圆环从而实现人神和谐、健康长寿。哈尼族银器中大量使用的鱼纹，与哈尼族地区广为流传的"神鱼生万物"的创世神话也有着密切联系。哈尼族创世神话中多以"鱼"为创世之神，生养天地万物。神鱼创世的神话在其他民族中并不多见。白永芳在其著作中对这一神

话进行了举例：元阳一带流传的《俄色密色》说天地乃神奇的大鱼所创造；西双版纳地区的古歌唱到神奇的大鱼创造了人类；红河一带流传的神话里叙述的是远古时候，万类物种皆源出鱼腹；元阳一带的创世神话里，神奇的大鱼"密吾艾西艾玛"不仅开天辟地，还创造了诸神、人类以及世间万物。这不仅是对神鱼的崇拜，更是对民族起源的追溯。

傣族的章哈在演唱古本中，把妇女的衣服、筒裙和鳝鱼骨形银腰带称为老祖公（云南方言，意为祖先）传给后辈儿孙的岁月纪念品。哈尼支系西摩洛人的衣服上钉着的银泡图案，具有装饰和象征的意义。长衣正面上部钉有十五排银泡，每排十余枚，据说象征层层梯田；衣襟边垂直钉有四排长长的银泡，象征西摩洛人居住的地方有四条江——元江、阿墨江、把边江和李仙江。每排银泡数量不一，表示四条江长短不一。在没有民族书面文字的少数民族中，在漫长历史中的发展踪迹无法使用文字记录下来，银器图案很大程度上代替了文字，发挥出文化符号的功能，银器在某种意义上来说具有了历史的认识价值，这使得云南众多少数民族可以在其银器文化中寻找到属于自己民族的历史印记。

银器在云南少数民族社会生活中扮演的角色，远远不局限于简单的历史记录，更是历史的见证与参与者。它甚至既是业已形成制度的象征，也是制度的执行者。无论是政治宗教，还是婚丧嫁娶，都可以看到银器在这些历史瞬间出现的身影。在西双版纳地区宣慰使司管辖的区域内，无论是政府文牍、节日祝文、宣誓文、委任状等，都可以看见使用银来做行文的载体与信符的象征。土司承袭时候，会自备银符，由"昆谢"（宣慰使司管理文书书记员的音译）在银符上刻字，交回受封土司做信符之用。土司等级越高，银符重量越重，共有七级之分，银符从八钱、一两、一两五钱到二两等重量不等。凡是重要的文书档案都需要使用银来制作，没有得到银符委任状的土司，其承袭仪式就没有完成。使用银片书写的委任状，除了土司以外还有南传佛教僧侣僧阶晋升时会使用。记事银片、银符的使用，是土司制度和南传佛教僧阶制度的写照，也是制度的重要见证。婚丧嫁娶中，银器也扮演了重要角色，是傣族民俗的重要组成部分。土司与土司联姻时，无论是定亲礼还是嫁妆，都大量使用银制器物和银装饰的衣物。使用金银制作的碗、盘、石灰盒、槟榔盒、水壶、首饰、马鞍都有一定的规定，婚礼中使用金银器物有的是敬神送鬼的，有的是赠送来宾的，数量及环节都有详细规定。如果是宣慰使结婚更是规定细致，比如槟榔盒都规定需要使用重六两的十二角大槟榔盒，且必须是子母盒。这些制作异常精美的银槟榔盒只有贵族才能享用，平民是无缘使用的。在召片领逝世后，需派人到景栋（缅甸）、孟连、勐兴（老挝）、勐勇（缅甸）等地报丧，随行必须携带银盘、金碗（包括银镀金）、银鞘长刀作为礼物，按照等级不同，所赠送的银盘、金碗重量也不同，逐步递减，到勐勇时银盘递减为银盅。宣慰使司在参加其他地方土司的葬礼时，丧礼也是使用一样的礼节。

云南少数民族银器既有相互融合的地方，也有区别于其他民族的特征。银器艺术绝不是单独存在的文化载体，是不同地域、不同民族间的经济文化交流融合的纽带，因此银器中不可避免地体现出一种相互吸收、融汇的痕迹。傣族喜爱使用银腰带固定筒裙裙腰、装饰腰部，景颇族、布朗族、德昂族、阿昌族、佤族也都喜爱使用银腰带。錾花六方银戒指在彝族、白族、纳西族等少数民族中广泛使用，甚至装饰纹样都极为类似。槟榔盒不仅是傣族喜爱使用的器物，西双版纳和德宏地区的其他民族也都有使用，尤其是土司家族更是将其看成是身份和地位的象征。这些交流与融合并不会阻碍民族的识别，反而延伸了银器的生命力与生存空间，使其在漫长的时间长河中得以不断延续、发展，但这种交流与融合是无法淹没那些区别于其他民族的特征的。

银器中区别于其他民族的特征，是本民族内部互相认同的旗帜、结成整体的纽带，在一个民族得以生存、发展所需的凝聚力的形成中起到重要作用。比如佤族的银头箍、壮族的披肩、傣族的头冠等等，都是

各个民族历史文化的凝结与民族识别的符号。几乎每个民族都有属于自己的特定符号，这些符号具有传承性和稳定性的特点，是民族情感、民族尊严的象征，投射在银器上，就成为人们追根寻古时物质与文化结合的载体。哈尼族奕车女性服饰很有特色，一般上着被称为"雀朗、雀巴、雀帕"的多层外衣、衬衣和内衣，下着短裤，使用的银器也与众不同。哈尼族奕车女性的胸饰多使用银鱼、银币连接，最下方缀饰银须，加坠勺、小刀、小叉等物件；腰饰上常常缀有银螺蛳、银鱼、梅花、银链、缨穗、银泡等银器件。银器的搭配上也非常讲究：衣领边的银泡称"阿果"；胸前左右两边各六个的银器称为"伴酒"；胸前左右两边各三个大银牌，且每个大银牌又坠六个小的银币，称为"火燃"；绣花彩腰带钉有十二个大圆银珠，称为"酒走"；腰侧悬挂的十二个带乳钉的银螺称为"阿牛"；臀上的两排花带，由状若八瓣梅花的十二个银花串联组成，称为"皮娥"。这些独特银器，与服饰一起构成奕车女子的独特标识。

银器背后掩藏的文化符号，让人们得以回望过去、记录现在。无论是无意间传递的信息与观念，还是有意地通过银器的形式来传递的情感与历史记忆，都是文字史料所无法代替的内容，也是我们在欣赏、了解云南少数民族银器时不应缺失的部分。缺乏文化符号解读的云南少数民族银器，如同没有台词与声音的电影，对其展开的欣赏与理解是不完整的。

人和：佩银琳琅

（第一节）从远古走来的云南少数民族饰品艺术

一、历史悠久的云南少数民族饰品

当人们懂得利用自然物制作工具，从而具有一定的观察、思维能力的时候，一种不定型的具有很强随意性的装饰自己的朦胧欲望也随之产生。格罗塞在《艺术的起源》中曾这样描述："当达尔文将一段红布送给一个裴及安的土人，看见那土人不把布段作为衣着，而和他的同伴一起，将布段撕成了细条，缠绕在冻僵的肢体上面当作装饰品，他以为非常奇怪，其实这种行为并不是裴及安人特有的——一切狩猎民族的装饰，总比穿着更受注意，更丰富些。"从旧石器时代晚期人们就开始注重用饰品来美化身体、愉悦身心、激发情感，因而饰品艺术行为也就随之成为人类最早的艺术行为。

从远古开始，生活在红土高原的人们，逐渐学会用天然物质或人工饰物来装饰自己。彝族的歌谣是这样唱的：夜晚的天，用星星打扮；早晨的花草，用露水装点。记住啊，像花朵、果实挂在树上一样，那是开天辟地就有的了；像眼睛牙齿生出来就有一样，父母给你们戴的手镯、项圈、耳环、珠子，是老祖公创世时造出来的……少数民族对饰品的热爱是流淌在血脉中的记忆与传承。远古时期云南饰品的早期形象，已经无法追溯，我们可以通过残存的云南崖画，去想象曾经有过的远古先民的装饰方式与饰品。元江崖画、耿马崖画、沧源崖画，写满了关于远古的密码。早期云南远古居民用羽毛、犄角、枝叶等天然物质装饰头部及身体的形象被崖画记录下来，而人工加工的环形、横条形、牙形、圆形等装饰形象，也在其中有所发现。云南新石器时代遗址中出土了数量众多的原始饰品，从形制上大致可以分成挂饰、镶饰、套饰、插饰等；从质地上，大致可以分为石、骨、牙、贝等。这一时期的饰品，以人工加工过的为主，有"做工较精、定型化和使用较普及的特点"。到了铜石并用时代，伴随开采、冶炼加工技术的

◆ 西汉 圆形突沿玉镯（晋宁石寨山出土）

◆ 西汉　镶石铜套镯（晋宁石寨山出土）

◆ 西汉　持伞铜女俑

发展，新的材质逐渐加入饰品的行列中，为新形制的出现奠定了物质基础。金属、玉石开始逐渐成为贵重饰品的主要材质，形制也愈加丰富起来。商至战国是云南饰品发展的重要时期，"这时期出现的饰品类属及其基本形式，形成了云南各民族饰品体系和风格，对以后云南饰品艺术的演变产生着积极的影响"①。汉晋时期的云南饰品，装饰更加精美，继承了云南先民在习俗、装饰手法以及审美观念上的特点，大量沿用自然饰品的同时，也从材质、形制上进一步丰富创新，加工技术与艺术审美都达到了极高水平。如西汉圆形突沿玉镯、西汉镶石铜套镯将绿松石加工为小而薄的圆片镶嵌在手镯表面，绿松石大小均匀，形制极为工整，工艺水平极高。整个手镯由宽度不一的数个单镯组合而成，造型和佩戴方式与内地十分不同，后者的佩戴方式可在出土的西汉持伞铜女俑上得到证实。在昭通地区东汉墓出土的素面银指环、银镯等饰品是至今在云南地区发现的较早银饰。

南诏、大理国时期，云南饰品艺术得到长足发展，"这一时期的饰品可以用多、新、美来概括"，不仅数量种类多，款式材质也极为丰富，"新中见奇，奇而显新"，是中国饰品

艺术宝库中的璀璨明珠。社会各阶层都喜爱佩戴饰品，其佩戴方法与习俗已经形成一个相对固定的体系，从材质、形制和功用上来说，既有贵贱不分的饰品，也有等级森严的饰品。耳环、耳柱、发箍、项圈、手镯、臂镯、腿箍、鼻环、佩剑等，不问贵贱，使用广泛。金带饰（用金质或金丝、金色织物制成的腰带）和告身饰（告身装在方圆三寸的粗布片上，挂饰膊前，最贵重的告身由瑟瑟所制作）都是尊贵与荣耀的象征，即便是贵族也只有少数人得以拥有，是身份地位的象征，被赋予了特殊的社会等级的含义。材质的使用有所同亦有所不同，金银、珠贝、瑟瑟、琥珀多见于贵族使用。自然饰品中羽翎、毛尾受到普遍喜爱，藤篾竹等主要为平民使用。这一时期饰品艺术的发展，为后来的云南饰品艺术留下了丰厚的遗产。甚至到了今天，云南少数民族饰品艺术中仍处处可见这一时期的深刻影响。景颇族在目瑙纵歌节纪念祖先的时候，可见领舞者使用豪猪、野猪牙齿等牙饰。藤篾缠腰、披皮垂尾、挂贝珂珮、金银饰齿的风俗，在今天云南的傣族、纳西族、白族、佤族等少数民族的生活中仍可见到一丝遗存。

元明清时期，中原王朝对云南开发力度不断加大，经济的发展，文化的传播与交流，使得云南饰

---

① 杨德鋆、马毅生、黄民初、金小摆编著：《云南民族文物·身上饰品》，文物出版社1991年版，第3页。

品艺术呈现出蓬勃发展、多姿多彩的特点。一方面，"经过长期演变发展形成的、以奇美多样为特色的各民族饰品艺术传统，依然是云南饰品的主调"，自然类饰品与独特的佩戴方法也得到继承或延伸；另一方面，伴随着云南饰品加工技术的提高，加工地域中心的形成，经济发展造就的市场繁荣，金银矿业开采冶炼的迅猛发展，与东南亚、南亚等周边地区交流的加强，云南饰品进入一个鼎盛时期。或贵重，或质朴，无论男女均乐于使用。各少数民族对于饰品的需求大幅增加，各类精品层出不穷，充满浓郁的地方特色与民族风情。

明代云南六大傣族土司之一的景东陶氏土司墓葬出土了数量众多的金银制品，是目前已知云南明代墓葬中出土金银器数量、种类最多的一批出土文物，一定程度上反映了明代云南少数民族金银器的使用情况。目前清理发掘并确认的陶氏土司及其家族成员墓葬共有6座，除M6外，其余5座墓均有银器出土，主要为生活用品及饰品。生活用品共出土31件，如银匙、银药瓶、银刀、银筷盘、银三丝筒、银碟、银盘、银执壶、银套盖瓶、银提梁壶、银盏等。饰品共出土265件，主要有银簪、银泡、银凤冠、银龙头镯、银梅花形扣饰、银莲花形饰、银菊花形饰、各色银牌饰等等。与云南其他地区出土的明代银器、银饰相比，景东陶氏土司

墓葬出土的银器数量、种类最为丰富，制作尤为精美，甚至明代云南地区汉族官员墓葬中出土的银器都不能与之相比①。景东陶氏土司出土的金银器的制作与装饰风格明显受到内地汉文化影响，大部分形制与同时代内地出土金银器十分相似，但又保留了地方特色，如银耳柱及银簪颇具傣族特色，与流传至今的傣族使用发簪及耳柱极为相似，金银器上面镶嵌的红蓝宝石据学者研究似来源于东南亚地区。

清末至民国时期的云南少数民族饰品艺术，无法逃脱时代的浪潮，虽然处处可见传统与现代的交织，却最大限度地保留了元明清尤其是清代云南饰品艺术的传统，无论是形制、材质、审美风格与制作工艺，都深深烙刻着属于历史和过去的痕迹，常常被人们认为是清代饰品艺术的活化石。许多早已在内地被时光抹去的形制、用法和工艺，被这块土地上的人们很好地保存下来，代代相传。同时，云南作为近现代中国历史发出先声的地方，新兴的思潮与事物随着滇越铁路火车的轰鸣声，为生活在群山、雨林中的少数民族打开了一个崭新的世界。外国银币、有机玻璃、塑料、腈纶等现代材质，开始走入云南少数民族饰品的范畴中，人们的审美也受到外来文化的冲击，不断发生变化。

① 云南省文物考古所、普洱市文物管理所、景东县文物管理所编：《景东傣族陶氏土司墓地》，云南美术出版社2014年版，第30—33页。

二、琳琅满目的云南少数民族银饰

银饰，作为饰品艺术独特的组成部分，是中国最具代表性的民间艺术之一。它千锤百炼、历久弥新，深深扎根于人们的日常生活之中，丰富着人们的生活，其旺盛的生命力富含深邃的民族情感。云南少数民族银饰不仅继承了云南少数民族饰品艺术种类繁多、形式多样、风格独特、富有生命力与创新的传统，更保留了云南少数民族独特的审美、装饰与佩戴方式。数千年来得以不断继承、发展、创新的云南少数民族银饰，讲述的是数千年来云南先民的生存环境、社会经济及历史文化的故事。它不仅是追求美的一种方式，更是一种生活方式，融汇在少数民族的历史与文化中，是云南少数民族饰品艺术独特而重要的组成部分，也是云南少数民族银器中最受欢迎、使用最为普遍的组成部分。

云南少数民族银饰种类繁多，按其装饰部位主要可以分为头饰、耳饰、颈饰、胸肩饰、须挂（坠）饰、手饰、腰饰等。除此之外，大量银饰品被运用于衣饰上，包头、围腰、衣襟、裙摆都常常可见银饰的踪影。云南少数民族银饰以其视觉冲击力强、种类繁多、构图精巧、造型粗犷、技术精湛著称，最重要的是它承载了厚重的文化底蕴和丰富的文化内涵，一件小小银饰品上錾刻的纹样可能就是一个神话或历史故事的浓缩。从装饰产生的效果上说，在一般观赏者的眼中，银饰的用途在于欣赏，重在感官感受，但在研究者的视线里，这并不是银饰的全部价值。云南少数民族银饰经过长期的发展，植根于云南的本土文化和宗教历史，是文化传承、发展的重要形式和载体，彰显了云南各个少数民族的审美情趣。

由于云南少数民族文化本身所具有的兼容性、开放性和世俗性，云南少数民族银饰在保持和传承云南少数民族饰品艺术特点的同时，还广泛吸收和借鉴其他民族、其他地区文化的工艺手法和装饰纹样，形成云南少数民族银饰多元性、多样性和特异性的特点。它既继承云南少数民族传统饰品的制作方法和审美取向，又接纳多元饰品风格，特别是来自内地和东南亚的影响，形成一个多元文化相融合的装饰体系。云南少数民族银饰艺术，在独具少数民族特色的工艺流程基础上，传承了独特的视觉艺术和审美观，具有很高的学术研究价值。

按照历史传统，云南少数民族佩戴饰品不分男女，甚至"妇女腿臂带金银圈，价甚贵。男子亦然，其价较女子所戴者更贵"[1]，有些特殊的款式，甚至只提供给有一定地位的男子佩戴。文中所述银饰，因材料所限力有未逮之处，以女性饰品为主，偶有涉及男性饰品。

① （法）沙梅昂注，冯承钧译：《马可波罗行纪》，中华书局2004年版，第255页。

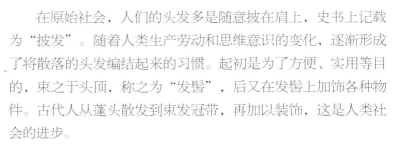

第二节 云鬓生辉

在原始社会，人们的头发多是随意披在肩上，史书上记载为"披发"。随着人类生产劳动和思维意识的变化，逐渐形成了将散落的头发编结起来的习惯。起初是为了方便、实用等目的，束之于头顶，称之为"发髻"，后又在发髻上加饰各种物件。古代人从蓬头散发到束发冠带，再加以装饰，这是人类社会的进步。

作为云南少数民族饰品中的重要组成部分，头饰通常包含钗、簪、箍、冠、帽饰等。特色鲜明的头饰反映出独特的民族历史与文化，是各民族的重要标识，较其他饰品而言更具有识别认同的作用，各具特色的头部装饰也体现了不同民族的文化和审美取向。

一、宝髻花簇

（一）簪与钗

发饰，既可以挽发，又能装点容色，兼具实用与美观。最初所说的"首饰"即为发饰，常见发饰有簪、钗、梳等。簪又称为笄，单股，在新石器时代就已普遍使用，且男女皆用。钗为两股笄，出现时间稍晚于簪，相对簪主要用于挽发而言，钗主要用于固发，即固定头发用的卡子，主要为女子使用。云南出土的钗，最早见于石寨山及李家山出土的金钗，都是素面折股钗，用素面无纹的细圆金丝弯过来，起拱处为钗梁，两股为钗脚。李家山M68曾出土战国时期的银发针和银簪，发针款式和出土金钗相似，但长度明显短一些。

随着时代的发展，银饰制作工艺的提高，簪首与钗首的花样越来越多，装饰愈加精美复杂。银簪广泛使用在云南各民族

◆ 现代 哈尼族女性头饰

◆ 清　白族点翠镶珠石珊瑚簪
　　通长 9.5 厘米，宽 5 厘米

发饰中，由于款式多样，仅就部分典型器物略做介绍。簪为单股，尾或尖或薄，便于插入发髻。簪首则较宽大，露在发髻外做装饰。圆顶形、蝴蝶形、耳挖形、如意形和动物形的簪头比较常见。清代白族点翠镶珠石珊瑚簪是清代银簪的巅峰之作。簪为银质，上嵌碧玺、珊瑚、珍珠等珠宝。簪脚呈长针状，簪首作半圆形，簪首镂空累丝，以珊瑚珠及珍珠为花心，花瓣、竹叶及如意结等均加以点翠，下有两枚葫芦形的红、绿碧玺，寓意万代福寿如意。此簪造型生动，累丝工艺细腻，选料名贵，纹饰寓意吉祥。穿珠点翠是清代金银首饰的重要特色之一，虽然这一工艺在宋代就已出现，但直到清代才成为主流。今天所能见到的结珠铺翠的首饰多为清代之物。由于银较金易得且材质更坚硬，因此在镶嵌诸多珠宝时多用银或银镀金。明代喜用的珠宝主要为祖母绿、猫眼石、绿松石、红宝石、蓝宝石等，珍珠仅为点缀。清代则在此基础上，大量使用翡翠、珊瑚、碧玺、蜜蜡、紫英石、茶晶、青金石等。珍珠在这一时期不仅是点缀，常常是作为主角来使用。清代珠宝加工技术的发展，使得这一时期在首饰制作中以花卉、草虫为造型的珠宝不断涌现，在珠光宝气之余又流露出一股鲜润的生命气息。清代点翠，一般都是宫廷富豪之物。点翠簪是清宫后妃在喜庆吉日、盛典时着吉服、便服时所用，也是后妃首饰中的精品。到了清末民初，点翠开始在民间流行，妇女无不以拥有点翠为荣。用点翠工艺制作出的首饰，光泽感好，色彩艳丽，但翠鸟羽毛属于有机物，一百年左右便会褪色。它的制作工艺极为繁杂，制作时先将金、银片按花形制作成一个底托，再用金丝或银丝沿着图案花形的边缘焊个槽，在中间部分涂上适量的胶水，将翠鸟的羽毛巧妙地粘贴在金银制成的金属底托上，形成吉祥精美的图案。这些图案上一般还会镶嵌珍珠、翡翠、红珊瑚、玛瑙等宝玉石，越发显得典雅而高贵。清代白族点翠镶珠石珊瑚簪的来历，我们不得而知。它可能是来自大理出去做官的白族官宦人家命妇女眷遗留的珍宝，也可能是来大理为宦的人家留下，更可能是清末以后社会大变动时期富商之家喜爱的首饰。无论如何，它无疑反映了清代内地与西南边陲间的频繁交流。

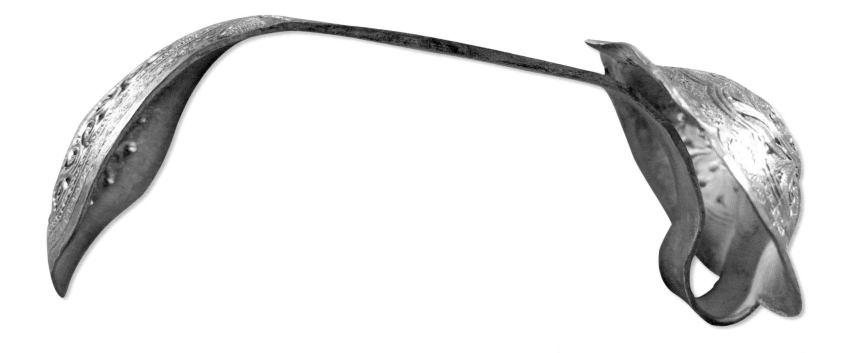

◆ 清　白族如意云头錾花银扁簪
　　通长 13 厘米，簪首最宽 6.9 厘米

　　清代白族如意云头錾花银扁簪是极具清代特色、使用普遍的头簪形制。这种簪主要做挽发使用，由于其美观实用，使用较为普遍，在清代女性首饰中属于重要饰品。扁簪通常贯于发髻而露出两端，两头造型为梭，一端为錾刻如意云头，一端做錾花叶脉状，中腰细窄。这种扁簪的簪柄类同于普通扁簪，但簪首延伸出一个如意云头的款式，也被称为"大头簪""如意簪"。《越谚》中卷《首饰》提及"横襆簪，又名大头簪，此为妇首之要饰，金、银、玉皆有之。横襆于髻髟间，为头上大件，故有是名。又名如意簪、太平簪"。清代满族女性梳旗头时候使用扁方，挽发时候使用扁簪，对清代及民国时期的中国女性妆饰产生了较大影响，直到今天，云南许多民族都使用类似的银簪款式。

◆ 民国　白族银镀金镂空扁簪
　　通长 9.5 厘米，最宽 3 厘米。两端
簪首为宽形尖叶状，中腰细窄，整体微
呈 M 状

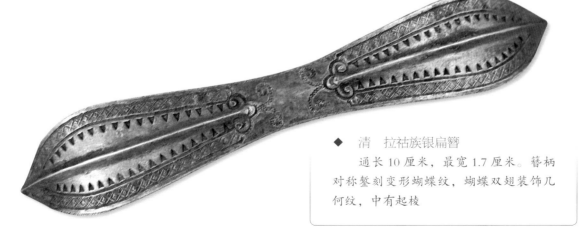

◆ 清　拉祜族银扁簪
　　通长 10 厘米，最宽 1.7 厘米。簪柄
对称錾刻变形蝴蝶纹，蝴蝶双翅装饰几
何纹，中有起棱

簪为单股，钗为双股，这是最初金银首饰名称沿用的规则。到明代以后就有了变化，两股者也每每以簪称之，两股钗在明清之后也被称为双脚簪。民国瑶族镂花银发簪就是一件双脚簪，簪脚为双股，簪首为长方形镂空，端头向后弯曲形成一个小U形，花丝上点缀银炸珠。簪首以均匀排列的一行炸珠为中心，编制两圈长方形相套，既轻灵精美，又细腻富节奏感。

◆ 民国　白族牡丹蝴蝶银插簪
通长 11 厘米，最宽 4.4 厘米

◆ 清 拉祜族方胜结银簪
通长 11 厘米，簪首最宽
4.5 厘米

◆ 穿戴银饰的文山瑶族年轻女子

◆ 民国 瑶族镂花银发簪
　通长 24 厘米，宽 1.9 厘米

（二）步摇

所谓步摇，即上有垂珠，步则摇动也。从汉代以来步摇就是备受欢迎的首饰之一，一直延续至今。实际上它也是簪、钗的一种，其特征是有一串或几串下垂且较长的坠饰，或是以极细弹簧状银丝将银花枝等饰物固定在某种支撑物上，能随人行走而摇颤不已。民国瑶族凤头镂花铃链坠银插簪，集簪、钗、头花和步摇的造型特点为一体，簪头以衔铃坠立凤为造型和装饰，簪尾以双层铃坠为装饰纹样，中间连以串链，与步摇有着相同的装饰效果。文山瑶族女子在节庆盛装时，常常同时佩戴多支簪、钗或步摇在头上，效果十分出众。

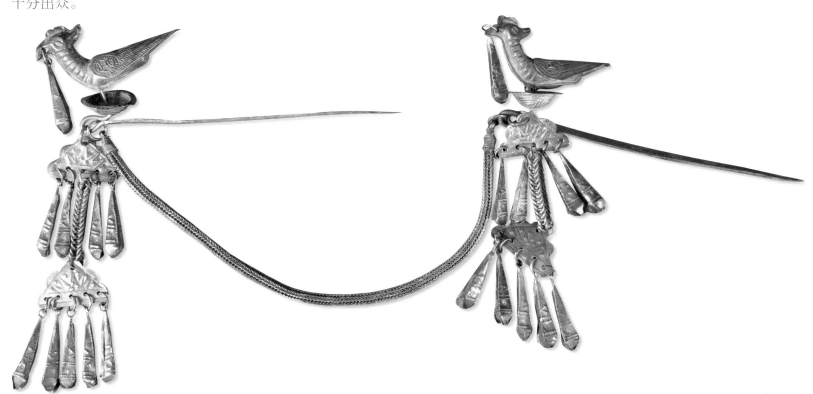

◆ 民国　瑶族凤头镂花铃链坠银插簪

通长 45 厘米，簪首长 4.5 厘米。文山广南瑶族女性发饰，通常多支簪钗搭配使用，步摇式插簪多在发髻前后各插一支，使得坠须自然垂落

（三）发箍

　　发箍在云南少数民族头饰中独具特色。20世纪初就有学者在民族调查记录中提及，"卡瓦（佤族）女子，在帽上饰金属花、圆箍和珠贝"。圆箍，即发箍。发箍是佤族妇女最具特色的头饰，也是识别佤族最简明的标志。佤族妇女认为头发黑、旺、长是健康、充满活力的表现，习惯于长发披肩，用发箍从前额到脑后把头发拢住，可以起到束发的作用。佤族发箍呈半月形，中间宽，两头窄，长度一般在48—55厘米，中部宽约3—8厘米，多用银、铝制成，也有竹藤制的。民国佤族银发箍乍看上去几近素面，实际常在表面錾刻凸起银泡组成纹饰。一般为三组纹饰，最中间一组纹饰多为太阳纹配以牛角纹，两端对称十字纹，发箍两端为太阳纹或线条极少的鱼子纹几何图形。佤族银发箍远望如一弯明月，由整块银片制成，偶有折断则会在两块银片中间打孔用铜丝或银丝拴接。佤族银发箍以大为美，造型简单，线条分明，纹样简化抽象，给人以强烈的美感。

◆ 佩戴银发箍和银臂钏的佤族妇女　◆ 佩戴银发箍的佤族女子

◆ 民国　佤族银发箍
通长53厘米，宽1—5厘米

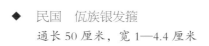

◆ 民国　佤族银发箍
通长50厘米，宽1—4.4厘米

二、冠帽映辉

在冠帽上加坠饰品在云南有着极为悠久的历史，常见饰物有羽翎、追尾、牙角骨、金银宝石等。以银饰来装饰冠帽十分流行，种类也极为丰富，主要有冠、帽、头箍、勒子、顶饰、头巾（头帕）等，从孩童到老人，不同的款式配合不同场合来使用。

（一）冠饰

冠，弁冕之总名也。冠初始时只是用于包裹发髻，既方便生活又有一定装饰作用。商周时冠服制度的出现，汉代衣冠制度的确立，一步步将发冠塑造为身份地位的象征，人们可以通过冠帽来区分佩戴者的官职、身份与等级。不同的冠帽在不同的仪式使用，在不同的场合表达不同的礼节。古代男子二十岁时用加冠来表示成年，古代贵族妇女也戴冠子来显示身份。"冠子者，秦始皇之制也。令三妃九嫔当暑戴芙蓉冠子，以碧罗为之。"起初女性佩戴的冠子多用鲜花、丝织品制作，后来逐渐使用金银及各类宝石制作。凤冠的佩戴是汉代才出现，唐代以前女性戴冠子尚属少数。宋代女性冠子被正式列入冠服制度以后，冠子发展迅猛，品类繁多，蔚然成风，逐渐成为古代女性礼服的必要构件，对中国女性服饰文化产生了重要影响。明清以来，冠子以礼冠、凤冠为主，云南女性服饰也受到很大影响。

云南少数民族使用的冠饰多用于节庆、婚礼等隆重场合，造型华丽，做工精细，最华贵的当数凤冠。这里说的凤冠与内地宫廷或者民间使用的凤冠

形制与饰法大不相同，主要在德宏傣族中使用，也被称为喜冠。傣族自古就热衷于装饰自己的头部。元代时，男子文身，剃去鬓、须、眉，面搽红、白色土，以彩缯束发；明代，"贵贱皆带笋箨帽而饰金宝于顶，如浮屠状，悬以金玉，插以珠翠花"[1]，女子"贵者以象牙作筒，长三寸许，贯以发，插金凤蛾"[2]；清代，"官民皆冠箬叶，顶金玉珠宝，悬小金铃"[3]。这里提到的金宝、金凤蛾、金铃等饰品，有学者认为可能为银镀金者。清末民国时，傣族头饰主要发展为冠饰、勒子、发夹、发簪等几类，其中冠饰做工最为考究精细。平时傣族女子都用裹帕、鲜花装饰秀发，只有在节庆、婚礼等重大场合，才使用贵金属制作的头饰，其中以银镀金的头饰最为华贵，凤冠最为精致绝美。

德宏傣族冠饰一般需要加坠在裹帕上使用，其背面均有挂钩（挂环）或穿孔来固定在裹帕上。在过去等级森严的傣族土司制度中，它是身份地位的象征，只有贵族才得以佩戴、使用。德宏傣族土司家族女性在婚礼或其他重要场合时才会使用它，因此常称之为"喜冠"，多以成对的形式出现。冠饰由于体量较大，制作材质和装饰图案信息丰富，立体感较强，因此视觉冲击力最大。从形制上来说，以长方形龙凤喜冠较为常见，独凤或垂帘的喜冠较为少见。长方形的喜冠，底板通常为菱形镂空或者实心长方形，图案对称分布，常见龙凤等吉祥图案。清末民初德宏

① 江应樑：《傣族史》，四川民族出版社1983年版，第352页。
② 方国瑜主编：《云南史料丛刊（第六卷）》，云南大学出版社2000年版，第230页。
③ 方国瑜主编：《云南史料丛刊（第十一卷）》，云南大学出版社2000年版，第232页。

◆ 清末民初　德宏傣族银镀金龙凤镶石喜冠
　　通长 18 厘米，宽 8 厘米

傣族银镀金龙凤镶石喜冠，正中为双龙戏珠，宝珠为花丝工艺烘托的红色料珠，双龙上、下方均有双凤口衔花枝，中饰两组五彩缨球及数支响铃，龙凤、缨球与响铃都是单独用弹簧拴接，走动时龙凤生动、缨球闪烁、铃声清脆。镶石多有脱落，但做工精细，色彩绚丽。传统的龙凤喜冠还常见双龙戏珠的造型，如民国德宏傣族双龙戏珠喜冠，通体银镀金，为多层造型复合而成。底部为长方形底板，主体素面无纹，边沿錾一圈凸起连珠纹；底板边沿焊接一圈花瓣状银片，银片上通体錾凸起小银泡，主体下方四个银片每片坠有三串坠须，其中两片所属坠须均有脱落；最上一层主体纹样为双龙戏珠，龙首昂头向上呈行进状，龙爪有力，上下环绕佛教八宝中的莲花、金鱼等，宝珠及花蕊均镶嵌料珠，花朵托珠多已脱落。双龙及莲花、金鱼等均焊接在一根或数根银丝上，造型生动活泼。整体大量使用花丝、錾刻、焊接、镶嵌等工艺，充分反映出傣族高超的金银加工工艺。

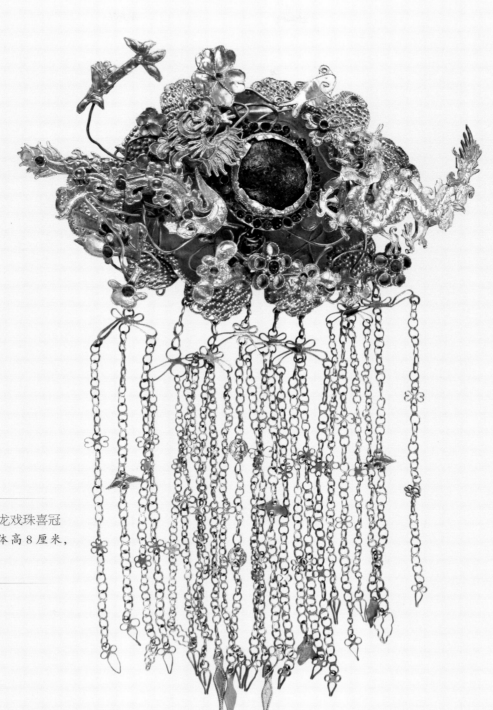

◆ 民国　德宏傣族双龙戏珠喜冠
　　通长 21 厘米，主体高 8 厘米，
宽 15 厘米，重 100 克

（1）　　　　　　　　　　　　　　　　（2）

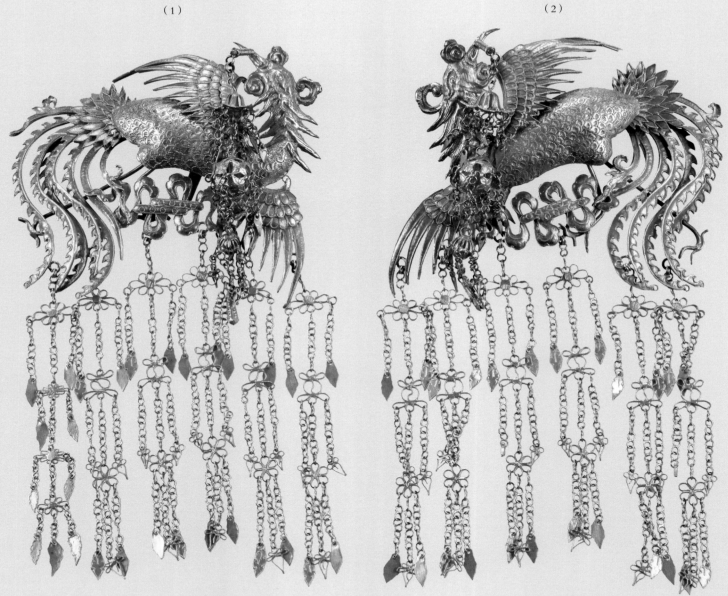

◆　民国　傣族银镀金坠须凤冠
　　（1）通高 25 厘米，主体高 11 厘米，宽 13 厘米，重 160 克
　　（2）通高 26 厘米，主体高 13 厘米，宽 16 厘米，重 165 克

（1） （2）

◆ 民国 德宏傣族银镀金麒麟戏珠冠饰
　　（1）通高24厘米，主体高9厘米，宽12厘米，重130克
　　（2）通长24厘米，主体高9厘米，宽10.5厘米，重128克

仿生造型是饰品设计中的一种常见用法，但在傣族首饰中较为少见。从技术上来说，单独动物造型的冠饰对设计及制作工艺要求较高，要在较大尺寸上完成生动细腻的制作并非一件易事；从佩戴角度上来说，长方形的冠饰肯定比不规则形状的冠饰易于佩戴、固定在头帕上。民国傣族银镀金坠须凤冠是仿生喜冠的经典造型。凤凰为喜冠中常见图案，这件喜冠更是用心细腻独到。独凤回首昂头，口衔双层镂空宝珠，双翅分于身体两侧，尾翎自然垂落，下坠六组坠须。整体造型生动精致饱满，翎毛栩栩如生，平衡感也极佳。麒麟也是喜冠中仿生造型的重要纹样。民国德宏傣族银镀金麒麟戏珠冠饰通体为银镀金，麒麟鳞角毛发錾刻细腻生动，回首张口欲咬火焰状宝珠，宝珠为红色料珠。麒麟脚踏祥云，祥云中满是葫芦、灵芝等吉祥图案，红、绿色缨球以弹簧系于麒麟臀后背面，祥云下方坠有六组坠须。麒麟寓意吉祥，佩戴麒麟，可以带来好运和光明，辟除不祥，民间还有麒麟送子一说。

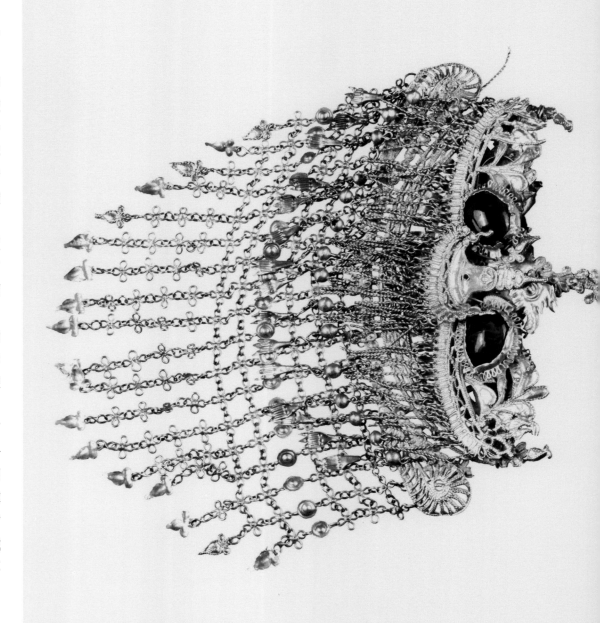

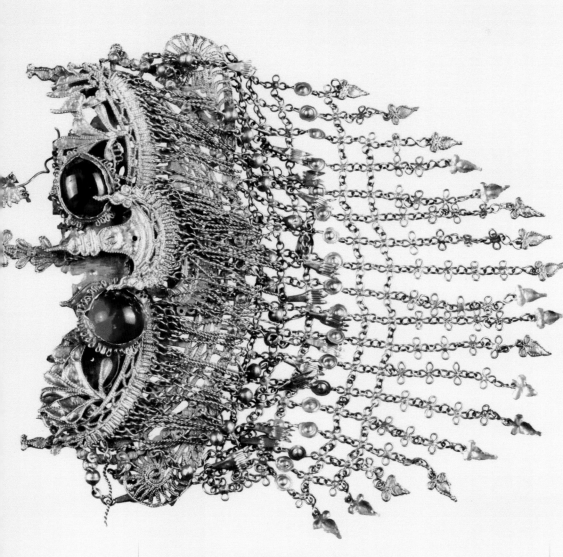

◆ 民国　傣族银镀金佛塔垂帘冠饰

　　通高 16 厘米，高 7 厘米，宽 13 厘米。民国傣族德宏地区土司女眷在婚礼或节庆时使用

　　民国傣族银镀金佛塔垂帘冠饰作为一件清末民国初年傣族金银饰的精品，充分展现了傣族金银制作的高超技艺和审美趣味。最上一层由一南传上座部佛教的佛塔居于正中；其下一层上端飞檐铺满菩提叶，下端排列整齐细密的纽丝银须，底端坠以小圆球；最下一层以羽状造型为底，中间镶嵌两颗红宝石，坠以半月形网状垂帘，垂帘主要由镂空四瓣花编织连接而成，其间还编入一层中央凸起圆点的小圆片，边坠芝麻银片小铃坠。整件发饰金光闪耀，层次分明，设计精巧秀美，工艺细腻复杂。它是汉文化和佛教文化在傣族文化中的结合，汉民族冠饰文化影响了其形制，而虔诚信奉的佛教文化则丰富了它的内涵。傣族大多数信奉南传上座部佛教。佛像和佛教中象征吉祥的各种图案，如莲花、菩提树、大象、佛塔等，被银匠们大量使用。

　　"旧时王谢堂前燕，飞入寻常百姓家。"民国年间，原来仅供贵族使用的冠饰逐渐走入平民中的富裕之家，款式更加丰富，材质上也透露出现代的气息。今天的德宏傣族举办婚礼时，喜冠已经成为新娘盛装的标配之一。

除傣族外，一些与外界交流较多的民族也使用冠子。师宗、弥勒黑彝佩戴的民国彝族錾花镂空鱼跃龙门银冠十分精美。这类银冠通常以布为内衬，外围一錾花镂空银箍，从款式到纹饰上都深受汉文化的影响，吉祥图案运用熟练，几乎每个图案都有特殊的吉祥寓意，鱼跃龙门、瓜瓞连绵、多子多福等吉祥图案被普遍采用。妇女及女童均可使用，成人使用时，先用黑布或黑纱包头，再插戴冠饰，包住并且加以固定，也可配合其他头饰一起使用，或加以坠铃，还可单独使用；女童使用时，可单独佩戴，也可以加在虎头帽上。这一冠饰的正面与明代兴起的分心、满冠形制有诸多相似之处，区别仅在于分心和满冠都是一根插脚插入头发固定，银冠则是两端延伸为发箍。

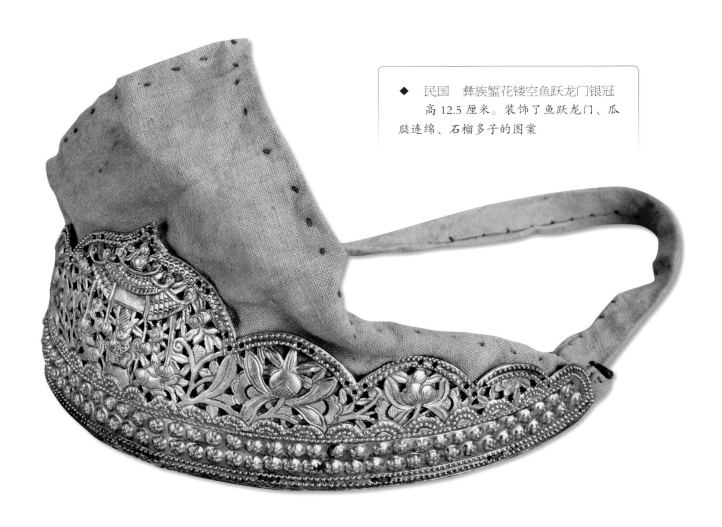

◆ 民国　彝族錾花镂空鱼跃龙门银冠
高 12.5 厘米。装饰了鱼跃龙门、瓜瓞连绵、石榴多子的图案

（二）帽饰

帽饰在民族与民族之间或民族内部各支系之间，有着重要的规范功能，是区别、判断异同的最显著标志，同时也对人们在人生不同阶段的区示与规范有着重要意义。有的民族从出生、成年、婚配、为人父母到死亡，每一段生命中的重要历程，可能都要更换相应的帽饰来适应其所在民族生活中的角色。

哈尼族服色尚黑，以黑驱邪求吉，因此帽多用黑布制成。哈尼族成年女子在公共场所时都必须戴帽、包头巾。头饰的不同也标志着哈尼族女性在生命不同阶段的身份：成年、为人妻或为人母和60岁后的身份。民国建水哈尼族镶银老年妇女黑布帽顶部为一组太阳纹银饰片，称为"摩忒"，为建水一带哈尼族60岁以上妇女使用。民国哈尼族镶银泡植物珠黑布帽是年轻哈尼族女性使用。哈尼族常常将银饰配合自然饰品来组合使用，民国哈尼族植物珠饰银篾帽是西双版纳地区哈尼族年轻未婚女性使用。以藤篾编帽，使用大小不一、圆形或椭圆形的植物果实串以单圈或双圈绕帽一周，从上到下使用四串银饰装饰，每串银饰由银币、银泡组成，间或配以彩色绒球或塑料珠，帽口一圈藤篾涂红。这种装饰方法继承了云南少数民族喜爱使用自然饰品的传统，将银饰与身边最丰富的自然资源结合在一起，创作出一个独具特色的帽饰。

德昂族帽饰常见银头箍和银链式头饰。银头箍又叫"头套条"，德昂语称"笙"。其形制为圆环状，佩戴时，连同发套戴于头顶上，前端用银丝缠密连接成空心环形，后端为竹篾材质。为了佩戴牢固，发套上会有一根线绳缠在银头箍上，避免脱落下垂。银链式头饰，形制为条形链状，细长，由银珠穿成银链，银链会缝到黑布包头带上，长200厘米，宽5—6厘米，布带两端各缝长方形的绿布和红布，有的上面还缝有规则的4—6排银泡，布带两端的底部缀有数十条银链，迂回缠绕在头部，铺叠于头部周围（有的甚至垂于耳旁），其下端可缀各色毛线搓成的绳线。上面多有线绳缠绕银链，以更好地固定。部分珠串垂于后脑两侧。有的链式佩戴还使用其他材料。在有的帽饰上也会有银泡、银穗、银链等做装饰。头部后面也会垂下银链、银穗等，与后背的银泡和银穗片相搭配，尽显繁缛之美。德昂族姑娘未满13岁之前、男孩7岁之前多数只戴一顶用红色、黄色、绿色等各色布片缝制成的小帽，帽子顶端制成一个大红色线球，在帽檐前部镶满小银泡、小银佛或银币等装饰品，不过男女装饰形式略有不同。

◆ 民国 建水哈尼族镶银老年妇女黑布帽

布帽中间是十瓣莲花状大银片，四周为六瓣莲花状中银片，每两片六瓣莲花中间有一片船状的小银片，绿春哈尼族老年妇女常用来作为寿帽使用

◆ 民国 哈尼族镶银泡植物珠黑布帽

◆ 民国 哈尼族植物珠饰银箧帽
径 13.5 厘米，高 8.5 厘米

◆ 戴镶银布帽的哈尼族少女

云南少数民族帽饰中的绣花帽很有特色，除使用大量精美刺绣之外，常配以大量银饰加以装点，五彩缤纷，银光灿灿。鸡冠帽是绣花帽中知名度较高的一个款式，因其外形似鸡头而得名，是彝族许多支系所共有的帽式。虽然都是模仿公鸡的造型，但是因地域不同，鸡冠帽的形制也不一样，有的地方称为公鸡帽、鹦嘴帽、凤凰帽等，不尽相同。鸡冠帽主要流行于武定、禄丰、永仁、元谋、双柏、禄劝、富民、寻甸等地。彝族佩戴鸡冠帽的原因有许多传说。彝文经典《夷僰榷濮》记载，远古时天地之间没有光明，无白昼黑夜，只有鸡不停地啼叫才使光明降临大地，天空变得碧蓝。因此，彝族认为公鸡是创世的神物，具有强大的神力。弥勒、泸西等地的彝族则传说在很久以前鸡与蜈蚣交朋友，蜈蚣借鸡的角去做客，一借不还，结成仇怨，鸡见蜈蚣就追啄，成其天敌。后来彝族村寨受蜈蚣精骚扰，苦不堪言，偶得人告知鸡能克蜈蚣，就大量养鸡，鸡啄死蜈蚣精，人得安居，所以将鸡的形象制成鸡冠帽，戴在头上，视为祥物。鸡冠帽一般上下皆开口，形如鸡冠，长度由头部大小而定，在戴帽子之前，还需在头顶先搭上一块折叠的蓝色巾帕，然后再戴上鸡冠帽。鸡冠帽佩戴方式不同，传递的信息也不同。昆明地区彝族支系撒梅姑娘佩戴鸡冠帽时十分讲究。正戴表示尚未确定对象，小伙子们可以追求；帽尖偏左表示即将招亲，帽尖偏右面表示即将出嫁；成婚后则不再佩戴鸡冠

◆　戴鸡冠帽的红河彝族少女

帽。

传统鸡冠帽形如鸡冠，帽边以挑花装饰，用梅花形或桂花形银泡镶钉在帽帮上，再用大梅花形银泡缝合。银泡有的鸡冠帽还会绣上花卉组合纹样，帽子边沿装饰红、黄、绿等各色璎珞。凤凰帽帽身形似凤头，帽尾稍翘，帽前檐正中绣有一朵红色帽花，帽花上方插一朵五色丝花，中间各以蝴蝶、花卉和凤凰、牡丹等组成随形纹样，额垂银链，后拖蓝色或浅蓝色飘带。顶部及帽边用银泡排列，边沿饰多串银珠，变化自如，色彩艳丽，鲜艳夺目。云南武定县彝族部分支系未婚女子喜戴凤凰帽。

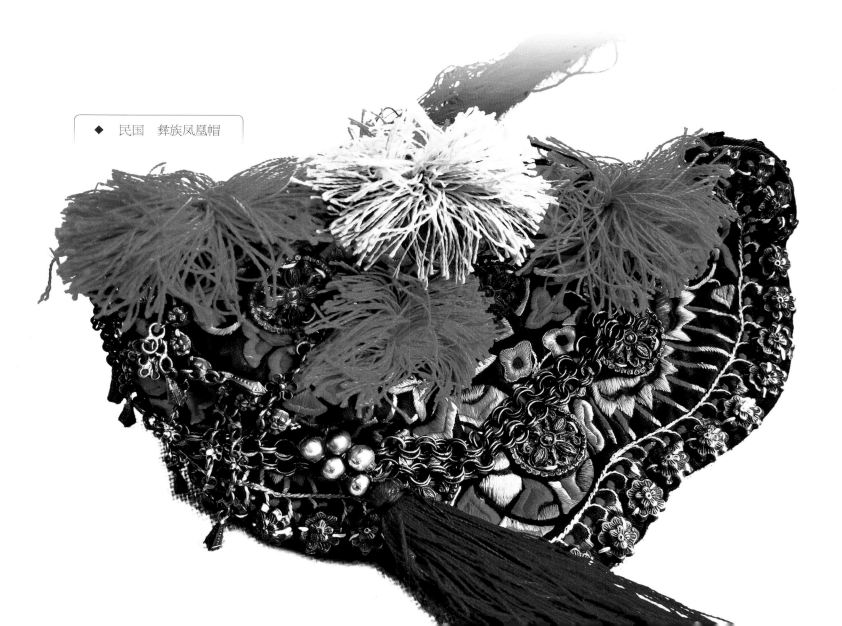

◆ 民国　彝族凤凰帽

童帽在云南少数民族中使用十分普遍，是各个少数民族帽饰中极具特色的组成部分。彝族和白族童帽以其精美的工艺、独特的造型，为一时之翘楚。彝族童帽中的虎头帽、鱼尾帽造型两端对称，帽檐两侧延及双耳，帽上镶银制饰片，既具有保暖的实用功能，又具有拙朴稚趣的形态美感。

彝族童帽无论男女童都佩戴，没有固定的形制，有鱼尾帽、飘带帽、鼓钉帽、花帽、搭耳帽等等。每个童帽都寄托了母亲最深沉的爱意与祝福，花草、龙凤、几何纹都绣得细腻生动，银泡、银鱼、银链和佛教、道教造像等应有尽有，意在驱邪避祟，护佑孩子平安健康。有时为了祈福，还会在帽子上加上动物的毛发或者牙齿等。帽子的造型和装饰的图案纹饰随着年龄变化而变化，多种色彩组合，斑斓缤纷，纹饰吉祥。除了美观、祈福之外，保暖性是童帽的最大使用需求，因此额头、耳部常常是装饰的重点。童帽装饰的银饰片用得最多的是佛像、道家诸神、人物、麒麟、狮子、兽头等等。八仙有在陆地上的，乘着不同的神兽；有在海面上的，脚下浪花朵朵，手中分执各种吉祥物。还有银十八罗汉、银鱼、银铃、银泡、银币、各种银片和银链坠等童帽饰。这些银质帽饰全都对称使用，再配上各式银铃坠，孩子们嬉戏时，满头小银铃饰叮当作响。

彝族幼童在半岁到两岁之间，佩戴的童帽上有护檐、护耳，帽顶及帽两侧装饰精美刺绣，前额处多装饰玉片及佛像，女孩佩戴的童帽前檐伸出部分呈椭圆形，男童佩戴的童帽是在后沿处伸出一个燕子尾的翘起，因此彝族男童帽又称为燕子帽。三岁以后，彝族男童一般不再佩戴童帽，女童则换戴鸡冠帽。

白族童帽种类繁多，结构复杂，常常以老虎、鱼为原型，加以变形，有的则是用几何形布块拼接而成，常常在帽檐处钉有菩萨、罗汉、八仙等造型银饰片，加之刺绣精美，显得五光十色，缤纷可爱。

◆ 佩戴饰银童帽的女孩

◆ 大理白族童帽

◆ 苗族童帽

◆ 红河哈尼族童帽

◆ 德昂族童帽

帽箍与勒子（也称抹额），都是由包头演变而来的无顶帽。它既可以通过两边预留的挂环直接穿线悬于额际，也可将之固定在头帕或布帽上。清代白族彩绣饰银镶石翡翠头箍，黑底，彩绣花卉，帽箍主体部分装饰镀金蝴蝶、凤凰、方形翡翠片饰，凤凰颈部饰有弹簧绒球，头箍尾部为银质菊花、蝴蝶、佛手等，两边以银链连接，寓意吉祥长寿，一般为老年妇女使用。由于大理地处滇西，离翡翠主要产地缅甸路途相对较近，因此白族地区较早就开始使用翡翠制品。居住在红河地区的花腰傣也喜爱使用勒子。红河傣族纽丝花朵坠叶银勒子，做工十分细腻，是将单独制好的花丝为边、炸珠为蕊的四瓣花排列三行，相间焊接在一个类似长方形薄银片上，其中薄片一端中间处特意突出一截加以挂环，薄片下坠有两层小银叶，而薄片另一端则在上下两端边沿处用钩环连接另外一个薄片，并巧妙地在两块银片重叠处各留下空白与花朵，从而达到看似完美为一体的效果。这种设计极其精妙，在实用的基础上极好地与视觉美感相结合。

民国哈尼族银泡头箍中大量使用的银泡是哈尼族最爱使用的装饰，将其装饰效果发挥到极致，密集的银泡有让人联想到披星戴月的效果，表达了对日月星辰的崇拜。

云南各民族使用的帽、帽箍、勒子，常在边沿装饰被称为帽花的银制饰片。帽花图案及其含义十分丰富。由于使用者的身份复杂，因此既有祈祷护佑儿童和老人的佛教、道教神仙，如弥勒佛、观音、罗汉、八仙、童子等，又有吉祥瑞兽如麒麟、龙凤等。除此之外，独具特色的银币、银泡、银鱼、银铃、银坠等，大量组合使用，常常还与其他材质的饰品组合在一起，达到琳琅满目的效果。

◆ 穿戴盛装的红河花腰傣女子

◆ 现代 红河傣族纽丝花朵坠叶银勒子

通长16.5厘米，宽2—6厘米，重29.8克。勒子既可以通过两边留下的挂环直接穿线悬于额际，也可将之固定在头帕或布帽上，是红河傣族盛装首选

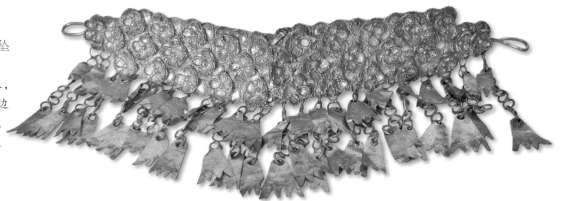

◆ 清　白族彩绣饰银镶石翡翠头箍
　　精美的刺绣牡丹，配以银镀金凤凰、蝴蝶，杂以翡翠饰片，组
合出一片高贵景象。莲花、菊花、佛手等银饰片象征吉祥与长寿

◆ 民国　哈尼族银泡头箍
　　银泡是哈尼族最爱使用的装饰图案，常使用大小不一或均匀
的银泡排列出三角形、菱形等几何图案。头箍常搭配头帕等使用

（三）顶板（顶盘）

云南少数民族顶饰以瑶族银顶板（也称为顶盘）尤为出众。瑶族银顶板一般为银制圆盘形，主要有两种形制：一是中心镂花太阳纹，边沿素面无纹；一是盘心为镂花太阳纹，中间为两层银丝类似自行车车轮钢圈与钢丝组合形式编插，每根银丝外端焊接小银片，层叠相加如鱼鳞。银顶板不仅工艺精湛，且含义丰富。瑶族女性佩戴顶板有一定的规矩，女性只有成年以后才开始佩戴。

顶板上的主纹是太阳芒纹。在圆形的银盘上，两层尖角芒纹由内向外放射开来，整体又呈圆形，与太阳的形状更加相似。太阳芒纹深受云南众多少数民族的喜爱，这种喜爱源自对太阳的崇拜、对光明的向往。发出光芒的太阳，养育了世间万物，而女性则创造了生命，在女性佩饰中大量使用太阳芒纹，既是对太阳的原始崇拜，也是对女性生殖的崇拜。

银顶板是文山地区瑶族支系蓝靛瑶女性在婚嫁或节庆时佩戴的重要头饰，在蓝靛瑶女性成年礼中极为重要。蓝靛瑶女孩在十五六岁时举行成年礼，需先脱去姑娘的花帽，将眉毛拔光，为她梳理头发束于头顶，最后包上头帕，有的还要戴上顶板，这样才表示成年，可以恋爱结婚了。佩戴银顶板时，先将头发中分梳成辫子在头顶挽成发髻，再将银顶板盖在发髻上，用插针固定，再沿顶板边沿一周插上凤鸟纹银钗和步摇，挂上银链，最后将长2米的白线束从头前绕到脑后，再折回头前并将两端垂吊在耳后。此外还另坠以各色彩穗，佩戴银器牌扣、银耳环、银项圈、银铃、银链等首饰，才算完成盛装打扮。

◆ 民国　瑶族银顶板

直径 12.5 厘米。圆形，中间圆钮为菊花形，两层太阳芒纹均为八束

◆ 民国　瑶族双边银顶板

直径 15 厘米，重 260 克。圆形，中间錾刻太阳纹，芒为十束，芒间镂花，外层芒纹内饰菱形

◆ 民国　瑶族双边银顶板

　　直径15厘米，重260克。圆形，中间錾刻太阳纹，芒为十束，芒间錾镂空乳钉纹十枚，其余部分满錾几何纹，边饰两圈银片，装饰精美

（四）头巾与头帕

云南几乎每个民族都有戴帽或者使用头巾、头帕的习惯，而头巾、头帕上常常以刺绣和银饰进行装饰，这一习惯与各民族的冠帽装饰风格十分相似。

彝族认为头部是人体中最为神圣的部分，是人体灵魂的归属地。人们可以根据头饰造型的不同来区分支系众多的彝族族群并可以根据其来辨尊卑、识身份。彝族妇女的头饰主要分为包帕、缠头、绣花帽，其中盛装的头帕常缀以海贝、银花、银泡，或饰五彩长穗，是古代"饰以海贝、砗磲，项垂璎

珞"的遗风。方形头巾是彝族阿哲支系头饰的重要组成部分，完整的阿哲女子头饰由头帕和抹额两部分构成。弥勒彝族头帕有两种穿戴方式：一是将方形头巾的三角相叠，最后一角斜侧于脸庞，倒扣后置于头顶；二是头帕不经折叠直接置于头顶，下系勒子，用飘带及银链扣固定头帕。

不同形制的头帕与勒子组成彝族不同支系各具特色的头饰，成为彝族多姿多彩的头饰的重要组成部分。

◆ 民国　彝族彩绣饰银头巾

第一步   第二步

◆ 勒式头帕的穿戴方式（摘录自《彝族首服研究》）

◆ 民国　彝族拼花镶银头巾

　◆ 民国　镶银泡勒子

◆ 屏边苗族头帕

◆ 文山壮族头帕

第三节 耳畔流光

　　云南少数民族耳饰风格十分多样，既精巧细腻，又粗犷淳朴，主要有耳环、耳坠、耳柱等类别。

一、藤帽斜珠双耳环

　　耳环也称耳圈，形状多样，耳圈有圆形、椭圆形、三角形、多角形、挂钩形、曲形等，在基础耳圈上，常常加以变化。在文山及滇南部分地区，流行蚂蟥圈耳环和泥鳅丝耳环。蚂蟥圈耳环多为银质，因形似蜷缩的蚂蟥得名。壮族泥鳅丝银耳环一端为蕨牙形，一端饰有小银柱头，环身光滑如泥鳅。白族、阿昌族、彝族等则喜爱在耳圈朝前部分焊接方形镂花饰片，饰片上既有花草纹也有人物纹。民国白族银镀金錾人物纹耳环饰片为银镀金长方形，四周边沿为螺形圆珠，中心纹饰为花枝或人物，有时还会在环圈上加一个翡翠玉片。这类款式在洱海沿岸渔家女子中较为流行，因极受欢迎且寓意吉祥常用作订婚礼物。

◆ 民国　瑶族银丝盘云头花耳环
通长 9.7 厘米，径 3.5 厘米

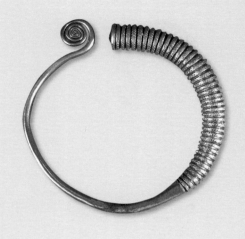

◆ 民国　傣族蚂蟥圈银耳环
直径 5.4 厘米，重 22 克

◆ 民国　佤族花丝镶红珠银耳环
通高 10.5 厘米，最宽 6 厘米，重 25 克。西盟佤族使用，通常为一对使用

◆ 民国　白族银镀金錾人物纹耳环饰片
径 3 厘米，花牌长 2.5 厘米，宽 1.7 厘米

◆ 马关傣族（旱傣）挂钩形　◆ 傈僳族银耳圈　　　　◆ 屏边苗族银耳圈
银耳圈

◆ 民国　傣族银镀金花丝菊瓣耳环
　　直径1.8厘米。德宏傣族典型耳饰，银质镀金，造型精巧，技艺高超，造型优雅又能保持重心，利于佩戴。装饰繁复却极为小巧，充分展现了傣族柔情似水的民族性格和审美趣味

◆ 现代　藏族镶珊瑚松石银耳环

民国傣族银镀金花丝菊瓣耳环是傣族耳饰的典型器型，它以精巧的造型和高超的花丝工艺展现了傣族柔情似水的民族性格和审美趣味。整体设计十分巧妙，先以素面无纹的金丝围拉出圆环，再以花丝垒成上下参差两层，每层均以花丝掐出均匀宽度，形成半朵菊花的造型，再将之焊接在圆环底上。圆环简洁大方，花丝具韵律感，造型优雅又能保持重心利于佩戴，装饰繁复却极为小巧，直径不足2厘米。据说在佩戴时，也可以单独系在银挂针上作为装饰。除德宏傣族女性佩戴外，相邻地域内的阿昌族和汉族也有使用。

藏族男女都佩戴耳环，一般是金银镶嵌绿松石、珊瑚、珍珠、玛瑙等宝石。男人戴一只或两只不同款式的耳环，女人戴两只相同的耳环。过去藏族贵族男子佩戴耳环有着严格规定，右耳戴小巧的绿松石或珊瑚耳环，左耳戴金、玉或镶嵌珍珠的长耳坠。藏族女子的耳环只有风俗与贫富的区别。镶珠（绿松石或珊瑚）银耳坠男女均可使用，男子使用的耳坠相比女式耳坠更加粗犷硕大。耳坠下方有一个银丝圈，可临时系上缨穗、银铃、钱币等，显得潇洒大方。滇西北地区的彝族女性也常在耳圈上加坠体积较大的装饰物。

◆ 宁蒗彝族妇女佩戴的多坠型耳坠

银辉秘语

◆

第二章

057

二、耳坠银环穿瑟瑟

耳坠通常由主体耳环加上坠饰组成，耳环下坠有银叶片、银串珠、银花等饰物，其主体为挂系着的坠子。孙和林在《云南银饰》中将耳坠主要分为三种：独坠型、多坠型、镶珠串珠型。耳坠一般为年轻女性佩戴。

独坠型有拉祜族、普米族、回族、汉族、彝族等民族的叶形银片坠，傣族、彝族使用的果形银耳坠，阿昌族、景颇族、拉祜族等民族使用的银链坠。多坠型主要分为圆环排列型和平列型两种。坠链造型多样，链常见圆形扣、S形扣、花朵形扣、螺形扣等。坠常见有葵花籽形、水滴形、单叶形、双叶形、花朵形、桃形、石榴形、鱼形、方形、钱形、绣球形，还有银铃和银珠等。坠链之间的组合十分自由。圆环排列型耳坠的坠须呈圆环形排列，只有坠饰长短、多少、简繁之分。民国彝族垂花镶珠银耳坠是颇受欢迎的多坠圆环排列型耳坠，由挂环和垂花铃坠组成，挂环较大，镶料珠一枚，下挂垂花铃坠。垂花铃坠由花瓣和多根骨朵铃须坠组成，多见于滇西北地区彝族、苗族、回族及汉族妇女在节庆时佩戴。垂花铃坠可单独取下，剩下的挂环又是一款独特简约的镶珠耳环，这种耳环的使用更为广泛，在苗族、蒙古族、独龙族等民族中无论男女均可使用，其中独龙族的男子戴法与众不同，不直接穿在耳垂上，是用彩色丝线拴套在耳轮上。

民国傣族镀金镶珠银耳坠是傣族耳饰中较为常见的款式，在德宏盈江地区尤为流行。耳坠整体分为三台，镀金已有脱落，其中一只耳坠失镶珠一枚。上端挂钩上正面装饰有一朵镶红珠为蕊、两层花瓣的芙蓉花，底层花瓣下坠四串花芽须穗；中间镂空花篮里插有莲花一朵，花篮两端各镶一颗绿色玻璃珠，底部镶一颗红色玻璃珠，花篮和篮

◆ 民国 佤族灯笼形银耳坠

通高 9.5 厘米，重 73.5 克。灯笼形银耳坠上半部为素面，下半部满绕花丝，并均匀分布四朵六瓣花，澜沧县佤族使用

◆ 金平瑶族妇女佩戴的灯笼形银耳坠　◆ 彝族妇女佩戴的多坠型耳坠

◆ 民国 纳西族银耳坠

通高 6.5 厘米

◆ 民国 苗族银耳环

通高 11 厘米

◆ 民国 彝族錾花蝙蝠纹银耳坠

通高 12 厘米

◆ 民国 彝族镶珠花丝坠铃银耳坠

通高 10 厘米

◆ 民国 傣族镀金镶珠银耳坠

通高 9 厘米，重 13.9 克

底两端各坠两串花芽须穗；下部鱼身背鳍处留孔与花篮底部相连，鱼身下部留孔五处，坠三串花芽须穗。

平列式耳坠的坠须为直铺平行排列，如錾花牌型银耳坠，花牌形状多样，有圆形、椭圆形、方形等，牌上或镂、或錾、或镂錾结合花草或人物纹，下坠6—8串铃坠或叶坠，汉族、彝族、白族、哈尼族、傈僳族等族妇女都喜爱使用。

民国乳丁三角镶红银耳坠不同于前面两种耳饰的精巧细腻，扑面而来的是一股浓郁粗犷的民族风情。主体由两层三角叠加而成，首层为三枚乳丁组成三角形银珠花，中间空隙处镶红豆一颗；下层大三角，大三角内部由短线、乳丁等分别分割组合出多个三角形，其中耳坠内部镶嵌的红布在银片镂空后巧妙显露出两个红色直角，与上部镶嵌的红豆相呼应。

◆ 民国 哈尼族錾花牌型银耳坠

这款耳坠受到多个民族的喜爱，如彝族、傈僳族等

◆ 佩戴錾花牌型银耳坠的 哈尼族妇女　　◆ 佩戴牌型银耳坠的傈僳族妇女

◆ 民国 乳丁三角镶红银耳坠

通高10厘米，重30克。在西双版纳、普洱等地区广泛使用，傣族、拉祜族等民族均有使用，风格浓郁粗犷

三、耳着束腰明月珰

耳柱是云南少数民族传统的耳饰形制之一，在滇国青铜器及《南诏图传》中均有反映，流传到今天，仍可在佤族、傣族、德昂族、阿昌族、景颇族、布朗族、基诺族和苗族等民族中见到使用。

耳柱，顾名思义就是呈圆条柱形，佩戴时横穿入耳洞。因其中部常比两端稍细，这类型制又称束腰。不同民族、不同款式的耳柱粗细长短不一，有的两端粗细一致，有的是大小头。朝前一面或平滑或刻花或镶嵌，管柱或实心或中空。银耳柱多见两截套合的佩戴方式，称为套筒耳柱，柱面有镶嵌的称为套筒耳花柱。顶花银耳柱主要流行于德宏地区，西盟、孟连的佤族、阿昌族、德昂族也有使用，形制上一般包含顶、腰、足三部分。民国傣族顶花银耳柱顶如花盘形，顶面中心为凸起宝珠，环绕两圈连珠纹，间以太阳芒纹一圈及绳纹一圈。腰、足部分为空心柱筒，腰部稍细，逐渐加粗至足部。佩戴时将柱筒与顶盘分离取下，从后面插入耳洞，再将柱筒插入双层中空的顶盘内，夹住耳坠。佤族只有老年妇女佩戴耳柱，基诺族则是年轻妇女佩戴耳柱。

◆ 民国 傣族顶花银耳柱

◆ 民国 景颇族银耳筒
通长 20.2 厘米，重 39.5 克。口沿处錾三圈几何绳纹

第四节 颈项生姿

　　胸肩部是云南少数民族银饰装饰的重点。从其使用场合可以分为两类：一类是仪式感强的重器，主要指项圈、披肩等；一类是日常生活用品，主要指项链（挂链）、别针等。项圈和披肩是胸饰里面的重器，二者虽造型不同，但使用者的身份地位和场合多有类似，均为盛装时使用，项链多为日常使用。

一、在首之银钩

　　云南少数民族银项圈主要分为三种：圆环项圈、开口项圈、带坠项圈。每种又有若干样式，总体风格既富丽堂皇，亦简洁古朴。可单道佩戴，也可多道同时佩戴，还可以配以项链、挂坠等。

　　项圈是德宏傣族贵族婚礼中新娘的重要配饰。民国傣族银镀金龙凤镶珠项圈为月圆形，通体以银片打制为底，正中焊接立体二龙戏珠图案，配以双凤，镶嵌红、绿色料珠，其中大颗料珠四枚，小粒料珠若干，项圈两端尾部收口处做大雁形具动感，底部银片镂空并錾刻几何纹、缠枝纹。此项圈生动夺目，器型较大，从纹饰上来看，充分体现了傣族文化和华夏文明之间的交流、融合。傣族婚嫁之时喜用龙凤，可见本身就是华夏文明组成部分的傣族文化和华夏文明在长期的历史交往过程中的交流

◆ 佩戴多层银项圈的文山　　　◆ 佩戴多层银项圈的阿昌族少女
　　壮族妇女

◆ 佩戴多层银项圈的德宏傣族少女

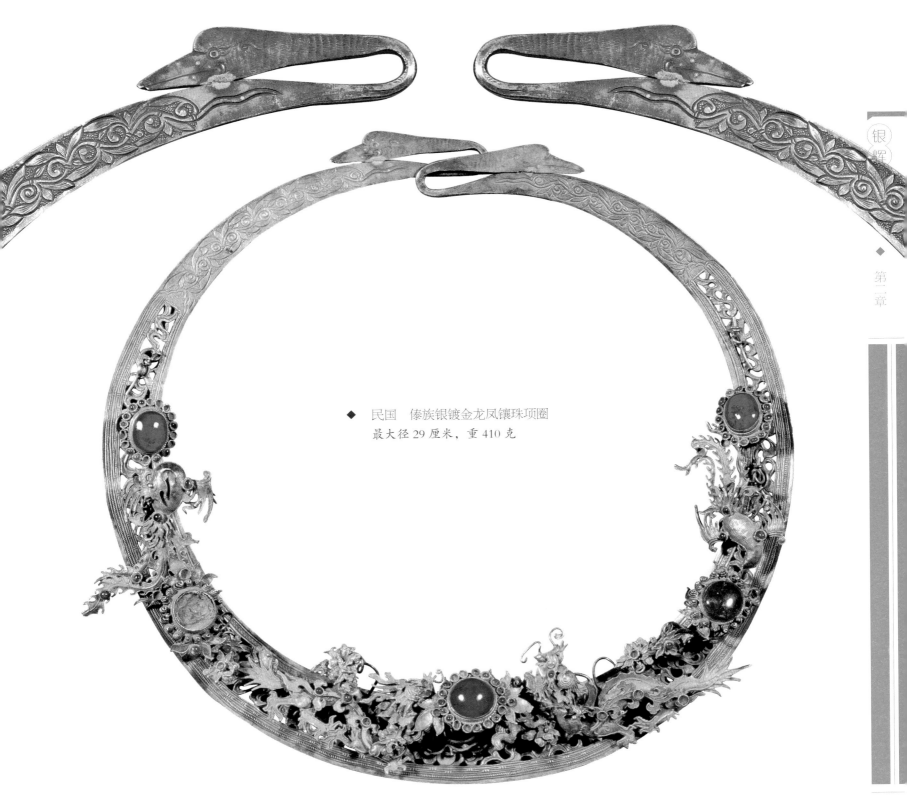

◆ 民国　傣族银镀金龙凤镶珠项圈
最大径 29 厘米，重 410 克

融合。古时民间嫁娶时常以大雁作为礼节中的信物，此物在傣族婚礼中由新娘佩戴，项圈开口处的大雁纹样并非偶然。

现代傣族喜爱使用一些银镀金材质的胸饰，不仅装饰了美，还表达了不同的寓意。未婚女性一般将八角花、凤凰花、芙蓉花等别在胸前，也常常将其别在发间。

佤族很重视对胸颈部位的装饰，有"姑娘要戴银项圈才漂亮"的谚语。佤族妇女佩戴项圈时或一道，或两道，或再加其他珠链装饰。银项圈有实心和空心之分，佤族女性项圈多数为空心，圈体较粗，项圈最粗处的剖面直径达3—4厘米，开口处在颈后饰以鹭首，刻有独立的花纹；另一种开口处盘成蕨芽形，表面浅刻花纹，或是锤出浅凸的植物纹样。项圈用银皮打制，有圆形和方形两种形制，简洁大方，佤族姑娘穿着V字形的贯头衣，长长的脖颈上佩饰着这样的项圈，项圈下缘再垂吊一些珠链或多串料珠或细银链，粗细搭配，凸显颈间线条，展示完整造型，给人以简洁、豪放之美。

◆ 现代　傣族银镀金八角别针
通高6厘米。花瓣叶片两两相向朝下垂落，每层五对花瓣，共四层

◆ 现代　傣族银镀金凤别针
通长5厘米，最宽4厘米，吊坠长6.5厘米

◆ 现代　傣族银镀金芙蓉花扣
通高6厘米。花瓣垂直向下规律排列，层层递增共三层

◆ 现代　傣族银镀金菊花扣
通高5.7厘米。花瓣向上翘起，规律排列四层花瓣，层层递增

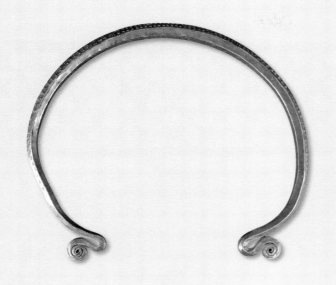

◆ 民国　佤族錾花银项圈
　　径 18.5 厘米，厚 1 厘米

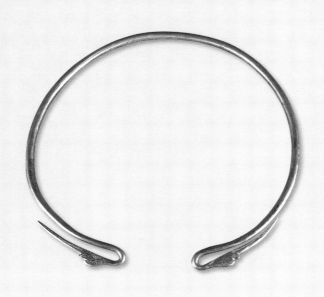

◆ 现代　佤族空心银项圈
　　径 14 厘米，重 64 克

◆ 20世纪80年代佩戴空心银项圈的佤族妇女

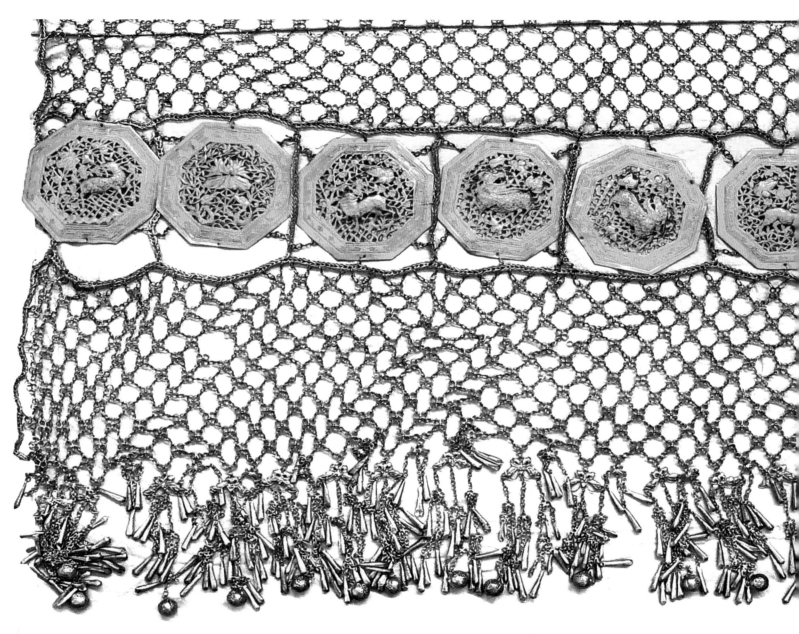

◆ 民国　德宏傣族银镀金錾花牌、铃坠银披肩
　　高 50 厘米，宽 80 厘米，重 1400 克

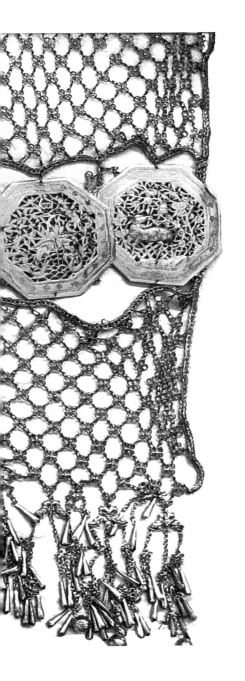

二、霞帔银丝薄

云南少数民族使用的披肩，从形制及纹样上来说，深受汉文化的影响，是云肩这一典型中国传统服装配饰在少数民族服饰中的继承与发展。领肩部的装饰服饰在中国出现较早，战国时就出现了雏形。秦汉之际，随着礼制规章的出现，装饰于肩部的披肩、披领类饰品有了众多名称，如帔、绕领等。隋唐时期，云肩的雏形常用于佛教人物、宫廷贵族、歌舞乐伎中，主要为西北少数民族使用。金代"云肩"一词始见于文献，元代典籍多处明确记载。明代以后云肩开始用于上层社会的穿着，后广泛成为汉族女性的日常装饰，至清代达到鼎盛，成为婚嫁必备的饰物。云肩以领口为中心，前后左右向四周垂悬装饰。起初披肩常用布或麻制成，自元代之后大量采用贵重材质，如丝绸锦缎、金银珍珠等材质。近代以来，云肩逐渐退出人们的日常生活中，仅在戏剧舞台上还能一窥其风采。云南少数民族银披肩在不经意之间将这一中国传统服装配饰继承下来，因地制宜进行了创新与变化。首先，继承了传统云肩的结构与纹样。结构上仍以颈部为中心放射或旋转，但不限于传统的如意云头，还广泛使用银牌、银花等造型。即便使用云头也不局限于四方、八方等造型，而是根据实际进行设置，下垂流苏，中间以银丝编织相连。这种放射造型源于对太阳的崇拜，并以此象征四时八节，顺应中国古代造物讲究四方四合、八方吉祥的祝颂理念。层次上，有单圈、双层圈、多层圈的装饰方式，更为生动活泼。其次，从纹饰图案上来说，继承了清末民初"云肩必有饰，有饰必用文（纹样），有文必含吉祥意"的特点。云头如意纹除了寓意称心如意、吉祥安康之外，还有披在身上"一生如意"的隐喻。大量使用自然界物象与传统故事中的吉祥图案，如用八仙人物来祈求平安，鹿象征福"禄"，以"元宝""钱币"表现财富的殷实等。此外，云南少数民族的披肩材质从丝织品变为银，其保存更加长久，制作工艺也与丝质云肩大不相同，设计理念上加入了很多少数民族的审美情趣，所谓的"霞帔银丝薄"，称得上是云南少数民族披肩的一个写照。

民国德宏傣族饰镀金錾花牌、铃坠银披肩一般在婚庆等隆重场合穿戴，过去仅供土司女眷使用，造型富丽堂皇，叮当有声。一般使用银链串成网格，中间饰6—8个八角银牌，每个银牌上均满工錾刻，题材多为瑞兽、植物或人物纹，下坠银铃坠须，明显受到汉文化的影响，但造型具有傣族独特的风格。

除傣族外，佤族、壮族也使用披肩，是盛装时的重要佩饰。民国壮族银牌披肩，由10余片大小头的压花银牌和20多串银须坠组成。银牌一般围缝在一条圆形的布圈垫上（戴时套入头部），每片分别刻有鹭鸶、蝴蝶、山水、花鸟等不同纹样，其外口各挂二串由钱币形、螺蛳形和朵铃组成的小须坠。披肩上的图案充分反映了壮族生活的自然环境和日常生活，以及他们祈求吉祥丰盈的观念。这款披肩主要流行于文山州及滇东的壮族、布依族地区。

◆　民国　佤族錾花鱼铃坠银披肩

领围 46.5 厘米，最高 49 厘米，重 753 克。

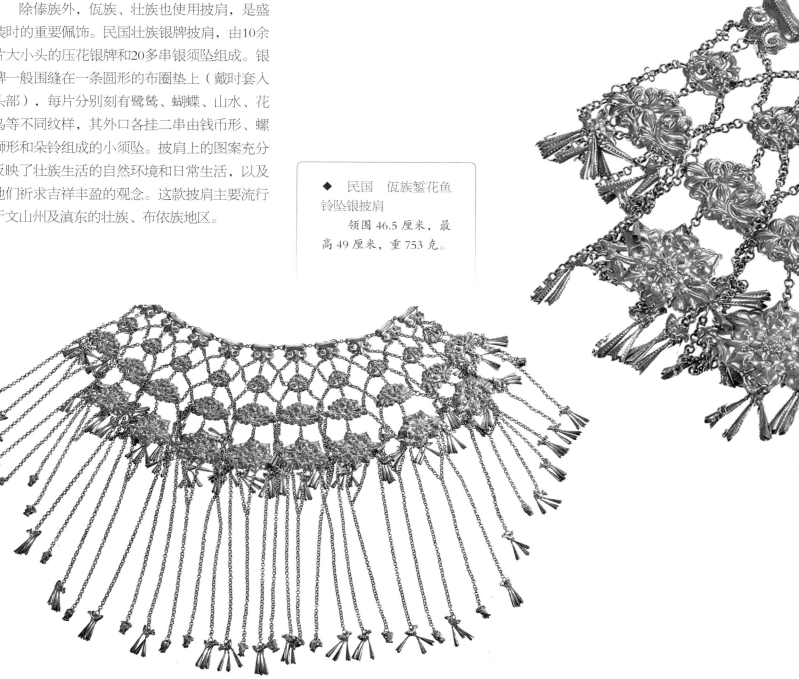

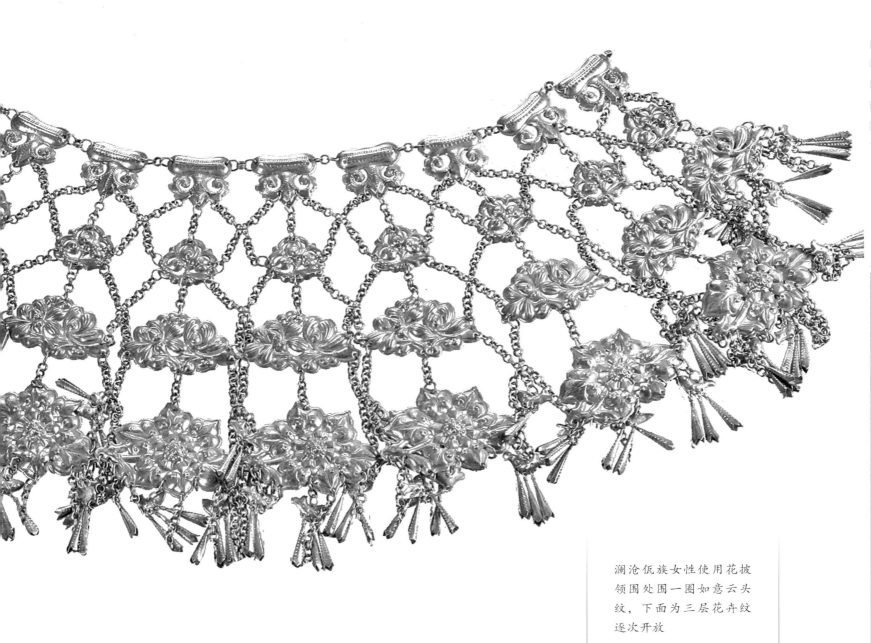

澜沧佤族女性使用花披
领围处围一圈如意云头
纹，下面为三层花卉纹
逐次开放

云南少数民族银器

◆ 民国 壮族银牌披肩

　　壮族、布依族妇女着盛装时使用，流行于文山州和滇东地区

◆ 文山壮族新娘盛装时佩戴的银披肩

◆ 文山壮族女孩在成人仪式时佩戴的银披肩

三、佳人佩胸怀

项链又称为挂链、软项圈，可分为圆环项链、开口项链两种，一般素面或刻纹，单股或多股银丝扭编而成，断面有圆形、方形、扁形等，有的还加坠其他坠饰。坠饰既有银牌、银坠，也有贝壳、珊瑚、琥珀，甚至竹子、料珠等也见使用。佩戴时，常常多道一起佩戴，粗细、长短等各有所爱，随心搭配。

锁口银项链常见于西双版纳地区。每个链扣由三个银圈垒成，每两个链扣间通过另一链扣穿透咬合，其中有一链扣处多加一个挂环。这个项链长度较长，据相关记载猜测，佩戴时可能绕多层直接套在脖子上，也可以通过挂环固定在衣服上自然垂落。

开口项链造型更为丰富多变。链条由单纯银丝变化而成，以银丝编织为各种造型，搭配上更为活泼、随意，多用于叠搭，多为盛装时使用。

◆ 民国　傣族锁口银项链
周长 110 厘米，重 262.5 克

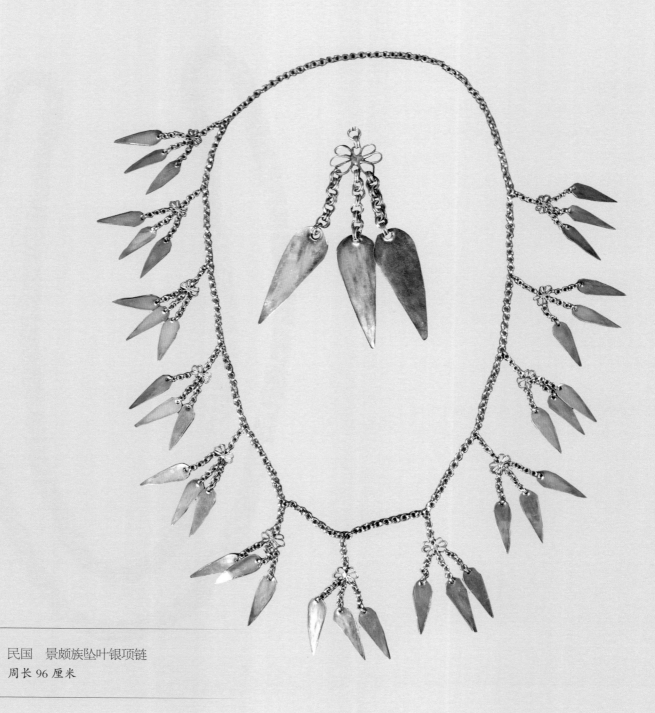

◆ 民国　景颇族坠叶银项链
周长 96 厘米

◆ 民国　哈尼族串银泡坠铃垂须银项链
周长 84 厘米

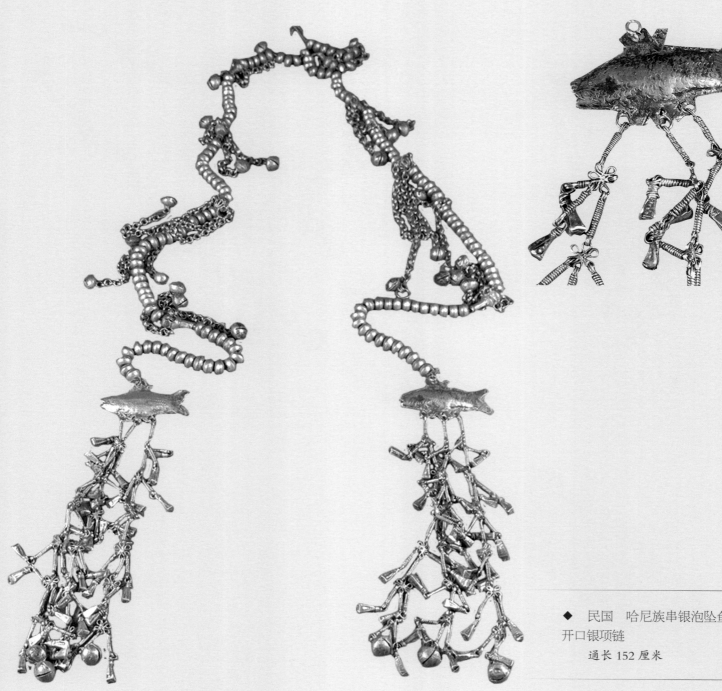

◆ 民国 哈尼族串银泡坠鱼、铃
开口银项链
通长 152 厘米

◆ 民国　哈尼族坠铃饰鱼开口银项链

◆ 民国 哈尼族花丝灯笼坠银片开口银项链

通长 61 厘米。两端坠银片饰，下沿为锯齿形，中间梯形部位分别錾刻几何纹、花草纹

◆ 民国　瑶族坠银链开口银项圈
　 通高 54 厘米

　　传统的长命锁，继承了明清时期的典型项圈形制，在云南少数民族中常见以项链代替项圈制作的银锁，在多个少数民族中均有使用。佩戴长命锁的目的是为了"锁魂保命"，有驱鬼辟邪、禳灾镇恶等功效，因此长命锁主要为女子和小孩佩戴。锁片形制十分丰富，有如意云头形、喜字形、圆形、元宝形、蝴蝶形、鼎形、八卦形等形制；纹样寓意吉祥，以"麒麟送子""持莲童子""吉庆有余""长命富贵""福寿双全"等为主。民国瑶族长生保命锁是典型的文字型长命锁，以文字充满构图，最直白地诉说了人们祈求长命的愿望。民国彝族錾花银锁片和民国哈尼族錾花镂空蝴蝶纹银锁则是使用吉祥的动物纹与植物纹构图，真正做到"图必有意，言必吉祥"。

◆　民国　彝族錾花银锁片

◆ 民国 瑶族长生保命锁
　　周长 112 厘米，锁长 4.8 厘米，
宽 3.1 厘米

◆ 民国　哈尼族錾花镂空蝴蝶纹银锁
通长 63 厘米

◆ 民国　哈尼族錾花镂空蝴蝶纹银锁细节

第五节 手饰动人

一、绕腕双跳脱

手饰主要分为镯和戒指。镯最初被称为"腕环"，简称"环"，男女均可使用，后来逐渐成为女性、孩童的贴身饰物。今天，在云南少数民族地区，仍可见到男性佩戴手镯。手镯又称为钏镯、跳脱、条脱、臂钗等。中国最初的手镯大约出现在汉代，最常见的款式即光素无纹或者弦纹的细窄单环。指环即戒指，手镯即钏，两者区别仅在于直径大小不同而已。西汉时期石寨山墓葬出土的金钏是薄片状单环，李家山墓葬则出土了嵌绿松石片的铜钏，环面高，大小不一，重叠成束腰圆筒状佩戴，整体形状与今天云南少数民族中佩戴的臂钏十分相似。手镯造型从朴拙到华丽，应有尽有，绞丝、镂空、錾花、鎏金、镶嵌等工艺纷纷应用其中；图案极为丰富，人物纹、花鸟纹、吉祥文字、几何纹、佛教图案等均有采用。总之，无论工艺还是图案，人们都可在手镯上见到制作者极富想象力的创造与表现。

手镯戴于下臂，可分为条镯、扁镯、单丝镯、纽丝镯、编丝镯、宽片筒式镯等，又可分为开口镯和闭口镯。民国傣族錾花龙头空心银镯以龙头作为首尾装饰，在龙身即镯身上錾刻出花草和菱形，描绘细腻逼真，纹样组合丰富。这一款式是中国传统手镯演变而来，始见于明，流行于清，在少数民族地区又得到新的发展与创新。

◆ 民国　傣族錾花龙头空心银镯
多个民族如哈尼族、景颇族、蒙古族等使用

民国傣族开口錾花花丝银扁镯素面卷边，开口两端各有一朵珠蕊菊花被四角花朵环绕，镯身分为三层，上下均为连续人字花丝镂空花纹，中间为镂空花丝珠蕊纹。形制构思与傣族竹编有异曲同工之妙，这一类型的手镯受到云南很多民族的喜爱。

造型简洁、装饰精美的开口条镯多为空心镯，镯身装饰珐琅或錾花。纽丝镯虽然工艺相似，但在造型和编织上，也是下足了功夫。螺旋圆圈银镯虽素面无纹，却简洁经典，充满难以言语的韵律感，且方便伸展收缩，设计十分巧妙，既可戴于手腕也可戴于上臂。

◆ 民国　傣族开口錾花花丝银扁镯

　　直径7.4厘米，高2厘米，重51.4克。周边多个民族使用，如哈尼族等

◆ 民国　彝族珐琅葫芦云头纹银对镯
　　径 6.5—7 厘米。镯开口处稍平，另一侧为圆形，形制颇
具特点

（俯视图）

云南少数民族银器

◆ 民国　纳西族开口四棱錾花银镯

◆ 民国　苗族开口錾花银镯

◆ 民国　纳西族开口錾花银镯

◆　民国　藏族开口纽丝银镯

◆　民国　白族开口纽丝银镯

◆　民国　纳西族开口纽丝银镯

除戴镯于手腕上，云南少数民族还可戴镯于臂上。臂镯又叫臂箍，也称为臂钏，多戴于上臂，也有戴于腕间。多为筒身，镯身较宽，镯筒身一侧可开口亦可闭口。实心筒身外也有细银片制成的螺旋筒状。民国傣族錾花云纹拧丝臂钏呈筒状，开口卷边，两端略粗，中间微敛，端口錾刻云纹开光，开光内浅錾植物纹、几何纹。镯身利用拧丝方向的不同制造正反丝的效果，深具动静变化的美感。

（錾花云纹拧丝臂钏开口处）

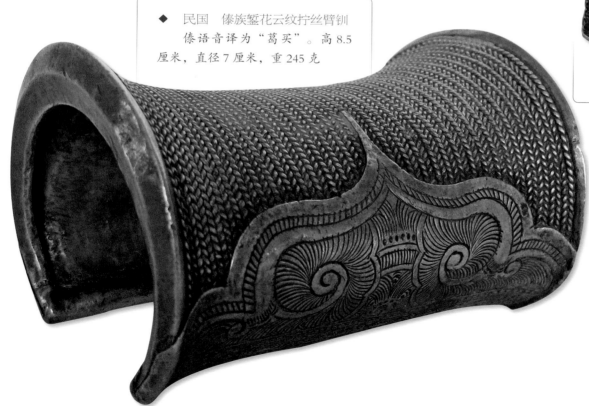

◆ 民国　傣族錾花云纹拧丝臂钏
　　傣语音译为"葛买"。高 8.5
厘米，直径 7 厘米，重 245 克

跳脱，即多环连续的钏。最早戴于臂上，后来逐渐转至腕部，但云南的傣族、佤族、布朗族仍有戴于臂上的习惯。民国傣族錾花银臂箍常见于西双版纳勐腊地区，该器通体用银片按照细—粗—渐细—细—渐细—粗—细的顺序对称螺旋弯绕而成，内里平滑，外侧在每圈中间捏出凸脊，并在镯身较宽的镯面上浅錾水波纹、缠枝莲花纹、水仙花纹、莲花纹、水波纹等两圈，主体纹饰两侧用圆形凹点小錾子均匀錾刻一圈。造型别致，錾刻细腻，颇具民族风情。

◆ 民国　傣族錾花银臂箍
　　直径 7.3 厘米，通高 16 厘米，重 412 克

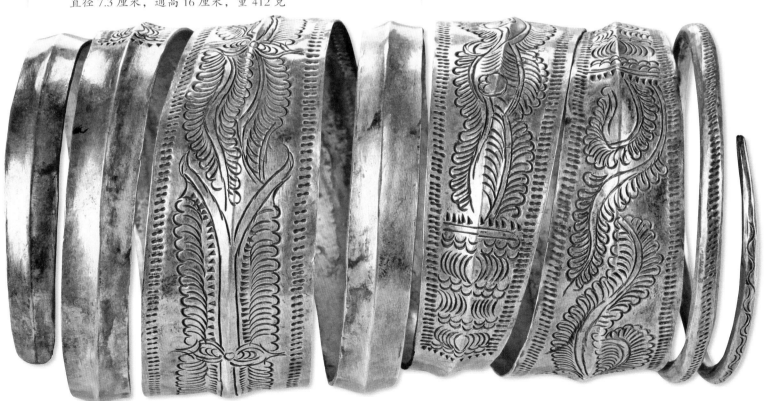

◆ 民国　哈尼族云头纹纽丝银手镯
径 5.5 厘米，高 5 厘米

◆ 民国　哈尼族纽丝如意云头纹银镯
径 5.5 厘米，高 5 厘米

◆ 民国　景颇族嵌丝银臂脱
圈口直径 7.7 厘米，高 9.2 厘米

方便伸缩的款式也被大量使用在少女、儿童佩戴的银镯中。用花丝编成的灯笼串手串、造型奇特的套筒、装饰精美的宽镯都是女性巧思妙想装点美的工具。

◆　佩戴银项圈、银手镯、银臂镯、银腰带的佤族女子

◆　民国　螺旋圆圈银镯

◆　民国　白族伸缩素面银镯
　　径 4.2 厘米，高 0.3 厘米。素面，手镯可根据手腕粗细调整手镯圈口大小，多为儿童或少女使用

◆　民国　彝族儿童银镯

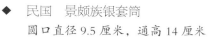

◆ 民国 景颇族银套筒
圆口直径 9.5 厘米，通高 14 厘米

◆ 民国 纳西族镂空灯笼银手串

二、约指一双银

戒指又被称为手箍、箍子，作为手指之饰，因器形娇小而更为普及。云南各地均有戴银戒指的习俗，认为银戒指美丽洁白如月，能在夜间"照路避鬼"。戒指在民俗中常常作为婚姻与爱情的信物，在订婚、结婚中常常扮演重要角色，汉代《定情诗》中言道："何以道殷勤，约指一双银。"

戒指一般分为有戒面和无戒面两种，前者可镶珠、涂彩、镂花，后者即为不分底面的圆环。有戒面的戒指创作空间相对较大，纹饰可以更加丰富，表现力较无戒面的戒指更强。常见的有天元戒、镂花戒、车花戒、取心戒、龙凤戒、盘蛇戒、方戒、字形戒等，另外还有镶嵌珠宝的各种嵌宝戒指。戒面主要有花朵形、六方形、圆形、方形、椭圆形和不规则形。戒面镂花图案十分丰富，以花果、动物、人物为主，有的还在戒面下方加须坠。

◆　民国　彝族纽丝银指环

◆　民国　哈尼族镂花银戒

◆　民国　纳西族珐琅银戒
　径 2 厘米，戒面长 1.7 厘米，宽 1.5 厘米，重 2.2 克

◆　民国　纳西族珐琅银戒
　径 1.8 厘米，戒面长 1.7 厘米，宽 1.5 厘米，重 1.7 克

◆　民国　哈尼族花丝银对戒

　　镂花长六方银戒指是云南众多少数民族喜爱的款式。民国彝族六方花卉纹银戒指戒面为长六方形，镂空花卉纹，因含铜量稍高而在长期氧化后露出少许铜色。六方花面银戒主要分为錾花与镂花两种，白族、傣族以镂花为主，细巧灵秀。彝族、哈尼族、苗族使用也较多，常常与素面指环一起搭配。

　　民国傣族錾花卷边银戒指为圆箍形，套口两端有横纹凸边，戒身錾刻上下相错的一周花卉纹，清新秀丽，也是众多民族喜爱的款式。

　　近代以来，使用银币来做戒面的戒指也逐渐出现，有的甚至直接使用外国银币作为戒面。

◆　民国　纳西族福寿双全六方银戒

◆　民国　白族錾花银戒
　　径1.9厘米，戒面长2.5厘米

◆　民国　傣族镂花长六方银戒
　　戒面宽2.2厘米，重3.2克，

◆　民国　彝族六方花卉纹银戒指

◆ 民国 苗族錾螺旋纹银戒

◆ 民国 彝族錾花坠铃银戒

◆ 民国 彝族錾花筒状银戒

◆ 民国 傣族錾花卷边银戒
　　直径2厘米，宽1厘米，重4克

◆ 民国 哈尼族外国银币银戒

◆ 民国 哈尼族外国银币银戒面

◆ 民国 哈尼族外国银币银戒面

◆ 戴银戒指的彝族妇女

◆ 民国　彝族围腰链扣

第六节　腰间灵动

　　腰带是饰品中极其特殊的一类，具有独特的文化内涵。由于其实用性和装饰性，腰带在云南的使用历史十分久远。石寨山的滇国墓葬中就出土了西汉银错金镶石有翼虎纹带扣。腰带主要有围腰链扣、腰带、腰带扣等类别。

　　围腰链扣是云南少数民族妇女的传统腰饰，尤以白族、彝族妇女使用较多。它最初是为了方便劳作时固定衣物，久而久之就演变成为漂亮的装饰品。与围腰挂链的形制十分相似，但功能与使用上与腰带类似，缝挂在围腰腰间。围腰挂链用于穿系围腰，多见于从颈上系挂围腰在胸前。

　　在云南少数民族的腰带中，傣族腰带最具代表性。"傣族的银腰带是傣族特有的，区别于其他民族，也是民族的标志。"傣族佩戴银腰带的历史十分久远，明代时就有记载"上下僭奢，虽微职亦系钑花金银带"，清代大致相似，"微名薄职，辄系钑花金银宝带"，可见傣族对腰带的执着热爱之情是源远流长的。银腰带是实用的装饰品，同时也是傣族民俗的组成部分。傣族男女定情之时，多以银腰带为信物由男方赠送女方，并常以腰带的大小轻重作为情意浓淡的标志。

如果姑娘将银腰带交给哪个小伙子，就意味着爱上他了。而傣族男女结婚的时候，男方通常赠送女方的定情物里，银戒指、银手镯、银腰带都必不可少。过去傣族新娘结婚时使用的银腰带，都是辈辈相传的嫁妆，饱含岁月的淬炼和长辈的美好祝福，其做工、重量、大小、粗细等与经济状况分不开。

傣族女子对银腰带极为珍爱，无论何时何地，身上都要系着银腰带，这不仅因为它是一件美丽的饰物，而且它还有一定的意义，一般已婚妇女要把家中的钥匙挂在银腰带上，而腰带上没有挂钥匙的显然就是未婚的女子了。这种区分婚否的情况，颇似一些地区在不同的手指上戴戒指来表示自己是订婚、已婚还是独身，一目了然。

银腰带也是赕佛仪式常常进献的贡品。

傣族银腰带一般是腰链配加腰扣，也有一些不配腰扣。银腰带上的装饰图案具有浓厚的生活色彩和民族特色。孔雀、莲花、菊花、珍禽异兽、树木花卉和几何图形，都是傣族喜闻

◆ 民国 傣族錾花银腰扣
傣语音译为"洛谷涕"。通长 19.5 厘米，宽 9.2 厘米，重 94.7 克

◆ 民国 傣族鳝鱼骨银腰带
通长 67 厘米

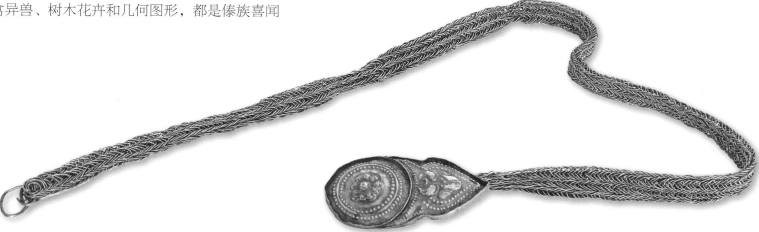

乐见的纹样。腰扣一般都经过錾刻，较为精美，多见方形和圆形，少数为云纹造型。民国傣族錾花银腰扣主体为九瓣团花造型，以一朵两重花瓣菊花为中心，依次向外环绕四朵菊花纹、蔓草纹，外周配以三圈凸纹及两圈凸点连珠纹；腰扣两侧为两朵云纹，对称錾刻菊花纹、蔓草纹、凸点连珠纹；整体边缘单独焊接有卷边，既增强立体感，又平滑实用。腰扣主体背面与其中一个侧边用榫卯固定，留有U形口供另一侧边套扣，两个侧边均有U形针以便与腰链相连。简单造型的腰链多为用粗花丝拧成。民国傣族鳝鱼骨银腰带，傣语音译为"塞坑能武"，顾名思义即腰链形似鳝鱼骨，配一圆形腰扣。腰扣錾刻精美花纹，腰链编织紧密，美观耐用。复杂的腰链采用大量的花丝工艺，加以编结、焊接、錾刻等。民国傣族花丝镂空银腰带通体以花丝制作，每个链扣上下两

◆ 民国　傣族盘花银腰带
　　长63厘米，宽6厘米

◆ 民国　傣族花丝镂空银腰带
　　傣语译音为"塞坑耍思"。长86厘米，宽3.3厘米，重264克

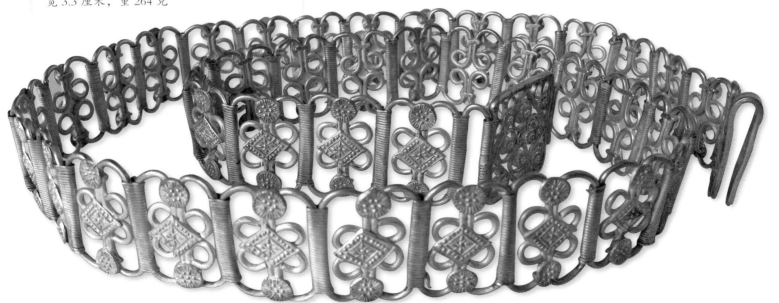

端錾刻出菊花纹，中间以菱形、花朵、圆点凸起装饰，二者以镂空花丝如意结连接，扣与扣之间使用花丝裹接缠绕，细密之处尤见功力，紧密有序，纹样丰富，工艺细致。民国傣族盘花银腰带由若干四瓣盘花组成，可根据实际自由组合。它是将银丝盘曲后堆垒成空心圆形，四个圆形中间以花为蕊。两朵盘花间用银丝环裹。腰带两端留有供腰扣套接的空环。与前面两种腰带相比，风格趋向粗犷，洋溢着火辣辣的热情与生机。

　　傣族男性尤其是贵族男性，也佩戴银腰带，更多的是作为身份地位的象征。相比女性的轻灵秀美，男式银腰带更为庄重，仪式感更强。

◆　民国　傣族土司用银腰带
　　西双版纳民族博物馆藏

◆ 民国　哈尼族坠银币银梳挂饰
通长 48 厘米

第七节　衣饰增辉

　　云南少数民族银饰除直接佩戴外，大量的银制饰品被装饰在服装上，从头至脚，无一遗漏。前襟后背、上裳下裙都是重点，其中须挂（坠）饰、牌饰、扣饰等都比较常见。

　　须挂（坠）饰主要由挂环（或挂钩）、吊链、综花（连接吊链和链须的花形饰块）、须链、坠花（又叫坠串）构成。通常挂于发际或胸前、襟边、腰部。佩戴时先固定挂环（或挂钩），或托绕至合适位置固定，使综花以下的须链、坠花自然垂落呈垂悬状。一般以综花造型或综花下悬须链多少来命名，有三须、五须、六须、七须乃至更多。综花造型丰富多样，包括蝴蝶、老鹰、花篮、卍字、寿字、古钱等。有的须挂（坠）饰则省略了综花，挂环直接连接须链和坠花。坠花的造型多样，有生活用具，如牙耳具、梳子、针筒、槟榔盒等；也有象征性实物，如梳子、篦子象征理顺逆境，花蕾象征好事在后，鱼象征儿孙昌炽、财运不断；还有一些饰品纯属装饰，没有特定意义。

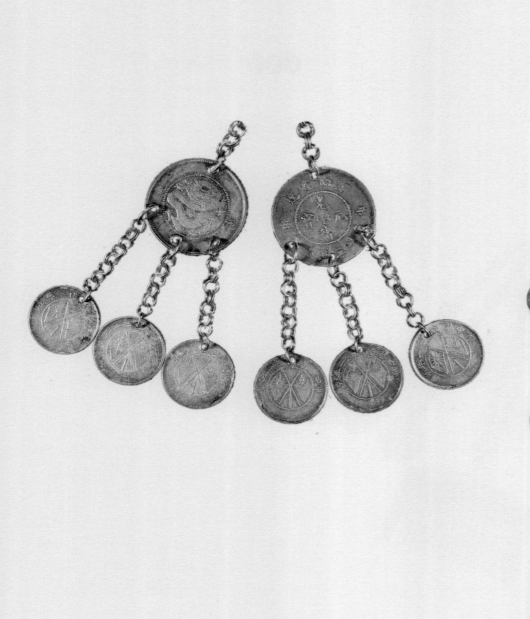

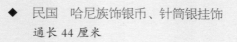

◆ 民国 哈尼族饰银币、针筒银挂饰
通长 44 厘米

◆ 民国　哈尼族饰珐琅蝴蝶铃坠须银挂饰

通长 56 厘米。挂饰上使用的三个珐琅蝴蝶
综花,从上至下表现了蝴蝶不同姿态下的美丽身
影,生动而富于变化

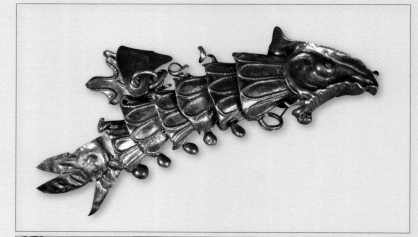

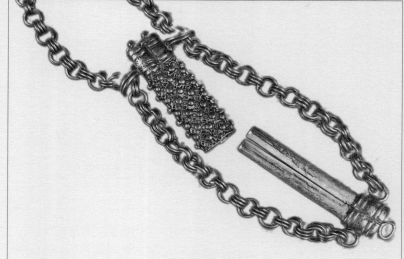

◆ 民国　白族坠鱼、针筒银挂饰
通长 53 厘米

◆ 民国 白族五须银挂饰
　　通长 40 厘米。挂饰链扣
通体使用铜钱纹

◆ 民国 哈尼族饰银鱼、
银币、针筒坠铃银挂饰
　　通长 41 厘米

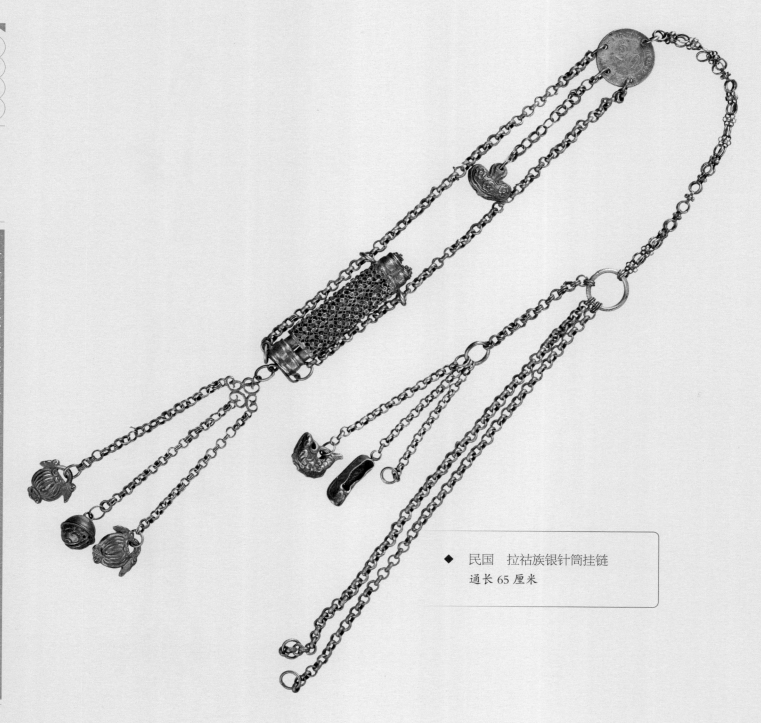

◆ 民国　拉祜族银针筒挂链
　通长 65 厘米

◆ 民国　拉祜族银针筒挂链链坠上的小饰物

云
南
少
数
民
族
银
器

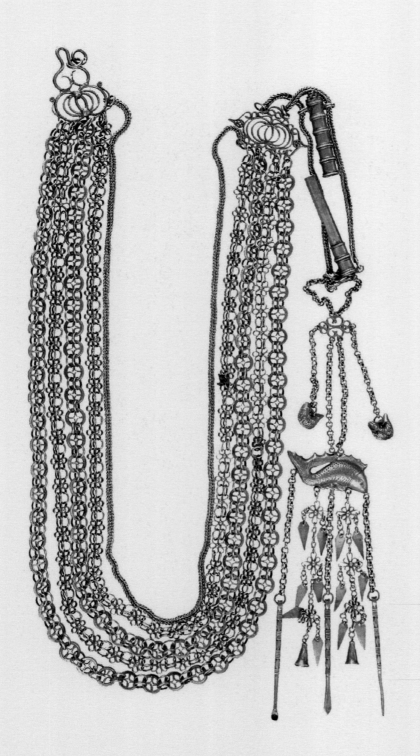

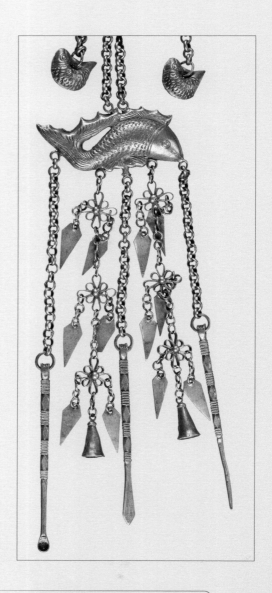

◆ 民国　拉祜族银三须挂链
通长 135 厘米，宽 5.5 厘米，重 430 克

◆ 民国　瑶族饰银币坠玛瑙、翡翠银挂链
通长 80 厘米

◆ 声色俱全的银饰为多姿的民族服饰增辉添色

银饰不仅是云南少数民族服饰文化的重要组成部分，也是云南少数民族银器中最重要、使用最广泛的部分。银饰不仅反映了民族的历史文化与宗教信仰，更蕴含了深刻的象征意义和文化观念。它所蕴含的丰富内容，体现在少数民族的生命礼俗与民族意识的点点滴滴里，在生活中扮演了不可或缺的重要角色。

民国傣族坠石灰盒银三丝就是一件实用的须挂饰，挂环下三条须链，下坠银三丝并一个袖珍六棱錾花银石灰盒。在云南，本地人通常把三须称作三丝，从左至右依次是掏刀、牙钩、耳勺，掏刀平时用于指甲卫生，也可在使用石灰时充作工具。所谓三丝，是由唐代兴起的"事"或"事件"发展而来。唐代就有将小工具与银链相系为一副，上配一枚"事件压口"总合而成，元代时则发展为使用金银制作。以银链相系的小工具则不断变化，一直沿袭至清代。云南少数民族地区将这一传统传承下来，并各自发展出独具特色的小工具。

六棱錾花银石灰盒通体錾刻花纹，盒盖錾刻瑞兽，盒底錾刻团花，盒身六面满刻多种植物纹，立体感较强。石灰是傣族食用槟榔时必备之物，因此这件须坠饰具有很高的实用价值。

◆ 民国　傣族坠石灰盒银三丝
通长 96.8 厘米，重约 119.5 克

民国傣族扇形双面镂花银须坠的综花呈扇形，两面透雕，一面为行龙，一面为凤凰牡丹纹。无论是树木花叶，还是鸟兽羽翎，都刻画生动真切，构图疏密有致，寓意吉祥富贵。综花下坠九条须链，须链为五台，分别用灯笼、六瓣花、"寿"字和古钱连接，每台连接处配以两个铃坠。坠花以一个花苞、两个叶片组合而成。

民国傣族银镀金蝴蝶坠须挂饰挂钩下坠一蝴蝶形综花，蝴蝶通体以花丝勾勒翅膀边缘及花纹图案，以炸珠点睛，下坠八条须链。每条须链为十台，每台以花丝六瓣花相连，并配以两个叶片或铃坠。坠花以空心响铃收尾。

民国傣族银镀金花篮须挂饰造型尤为精致。挂环下的吊链由金钱串成，吊链和花篮间由一朵梅花相连。花篮做工极为精细，集錾刻、花丝、镂雕、炸珠等工艺于一身。花篮内装有佛手、玉兰、石榴。花篮双耳及篮身左右两侧各坠一须链，篮底坠三条须链，每条须链上的素环以古钱分八台相连。坠花配以三条小鱼，四朵花苞。整体效果富丽堂皇，寓意福寿双全、多子多福、财源广进。

以上三件须挂饰均为民国时期德宏地区傣族女性使用，充分展现了制作者的高超技艺和佩戴者的审美倾向。须挂饰除可单独佩戴一件外，还可数个间用单股或多股银链连接，成组佩戴。可以想象，傣族女性在身着艳丽的民族服饰时，配上这样形式多样、富丽堂皇的饰品，伴随着银铃脆响，所谓环佩叮当如是。

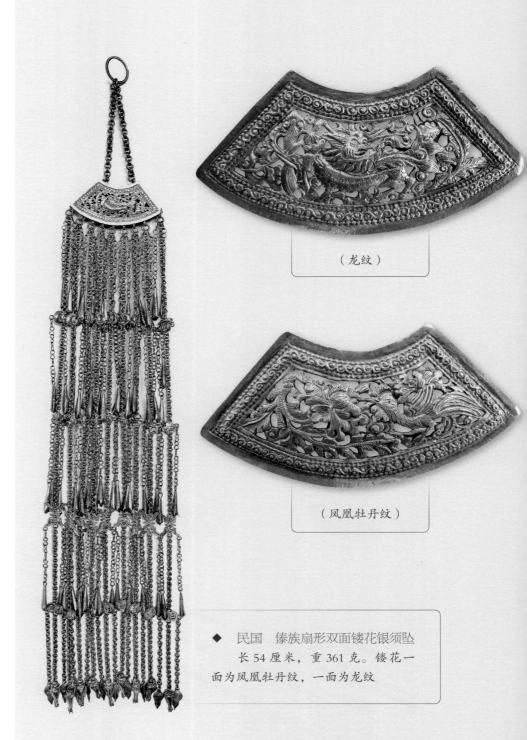

（龙纹）

（凤凰牡丹纹）

◆ 民国 傣族扇形双面镂花银须坠
长54厘米，重361克。镂花一面为凤凰牡丹纹，一面为龙纹

◆ 民国　傣族银镀金蝴蝶坠须挂饰
通长 48 厘米，最宽 6.5 厘米，重 180 克

◆ 民国　傣族银镀金花篮须挂饰
花篮通高 8.3 厘米，宽 5 厘米，通长 60 厘米，
重 120 克

牌饰多指缝缀于胸部或上衣正中的几何形或花瓣形银牌，用薄银片打制。牌面有浮雕或刻画的花纹，花纹多见鱼、虫、花、鸟、龙、凤、大象、麒麟、山水等。喜佩饰牌的民族众多，包括有哈尼族、傣族、景颇族及通海蒙古族等。形制有哈尼族四鱼乳泡银牌、六瓣花或十二角花银饰牌，傣族的太平景象、二龙戏珠、双凤朝阳、麒麟望月等镀金银饰牌，景颇族的团花银饰牌，通海蒙古族的六瓣梅花形银饰牌。牌饰一般成一直排缝缀于上衣对襟正中，十分醒目、耀眼。

◆ 民国　哈尼族饰银牌上衣
银牌直径 10—12 厘米

◆ 民国　傣族蓝缎饰镀金银牌、银泡、银铃坠女上衣
　　衣长 58.5 厘米，裙长 93 厘米

扣饰即用于联结衣襟并具有装饰性或纯粹装饰用的扣子，有大、小、方、圆、椭圆或花瓣形等形状。其中带套口的叫套扣，带挂钩的叫挂扣，呈牌状的叫牌扣，还有直接用银币缝缀在衣服上、围腰上的币扣。除此之外，勤劳智慧的云南少数民族以各种各样造型的银泡、银坠幻化出千变万化的图形，装饰在衣物、挂包上，组成的图案既繁缛细致，又淳朴生动；既布局精巧，又粗犷大气。装饰在衣物上的银饰与云南多彩的织绣艺术融汇在一起，呈现出独特的自然美和创造美。

◆　现代　瑶族花丝菊花纹银纽扣

◆　民国　景颇族银泡饰

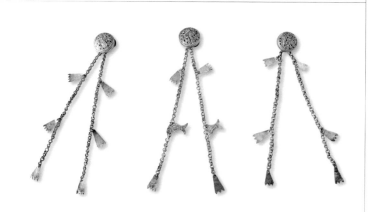

◆　民国　傣族坠须银纽扣

◆　民国　彝族饰银花扣女上衣

◆ 民国　壮族镶银泡坠须绣花女上衣

衣长 49 厘米，袖长 45 厘米

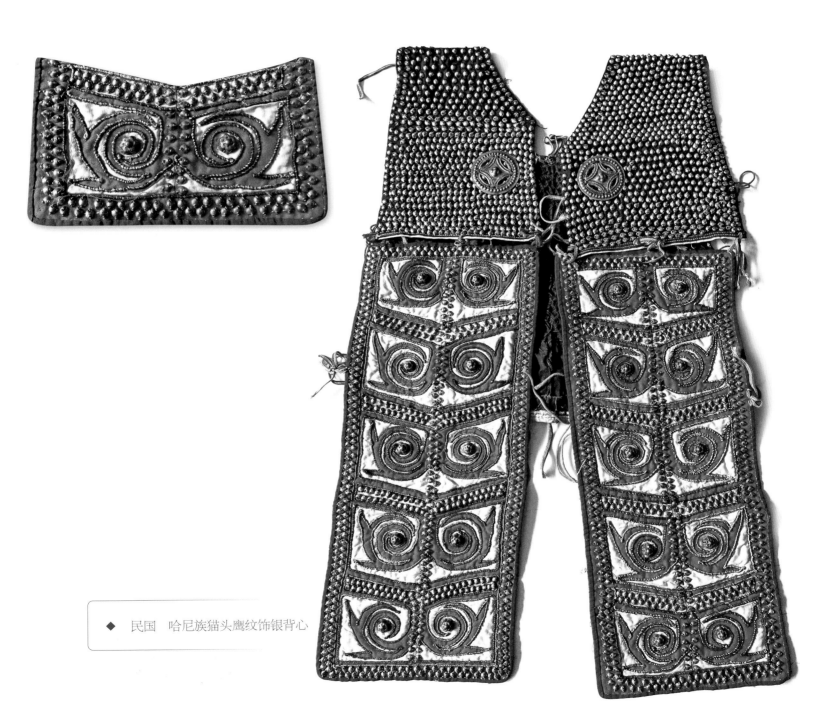

◆ 民国　哈尼族猫头鹰纹饰银背心

◆ 民国 哈尼族奕车人饰银泡、花形银牌、坠鱼铃上衣

◆ 民国　彝族绣花饰银寿字围腰

◆ 民国 瑶族錾刻牡丹花银围腰挂链
通长 50 厘米，扣最宽 3.8 厘米

◆ 民国 彝族錾刻
牡丹蝴蝶银围腰挂链

◆ 民国 彝族绣花饰银围腰

生活·

备物致用

第一节 器以致用

一、银器的前世今生

银是人类较早认识并利用的金属。由于银一般是以化合物的状态存于矿脉之中，量少而分散，较难提炼，因此其被发现与制用时间要比金晚。在商代甲骨文、西周金文和战国文字中，都没有专门的"银"字。夏商时期的出土资料表明，金的提炼与制作工艺已经达到一定水平，早期金器的制作从新石器时代晚期延伸至商代早期。

银最初被称为"白金"。伴随着对银认识与利用的加深，由于银易于加工，珍贵稀少，色泽明亮，一经制作使用，它便成为财富、权力的象征。银饰品的出现又比银质器皿出现得早。1976年甘肃玉门市火烧沟遗址就出土了金耳环、金银鼻饮等金银器，碳-14断代为公元前1600—前1400年，相当于夏代，这是中国迄今为止发现的最早的金银制品。早期金银器的出土地点主要在辽宁、北京、天津、河北、河南、山东、山西、陕西、四川、新疆等地区，其中新疆下坂地墓地出土的银耳环为目前发现的仅有的属于商代的银器。

商代以后，金银器的出土范围更加广泛，数量和种类都有所增加。西周时期的金银器出土范围在商代基础上稍有扩展。新疆静县察吾乎沟口墓地出土的银耳环，年代大约在西周至春秋时期。这一时期出土的银器，均为小件人身装饰品，尚未发现有金银器皿。东周时期，黄金开始进入器皿和货币的制用领域，而银器从出土情况看数量和种类有了明

显增加，鎏金银器物和错金银器物大量涌现，在数量占比上甚至超出了纯金银质地的器物。江楠在其博士论文《中国早期金银器的考古学研究》中认为这表明了"金银器的制作工艺和技术水平有了长足的发展，且产生了较大的变化"。这一时期的银饰品的出土主要有：陕西铜川马栏农场旬邑县战国晚期墓出土的柄部饰镂刻鸟纹的银钗2件，通长20.5厘米，柄宽1.4厘米；张家川马家塬墓地M15出土的1件光素无纹的项饰；准格尔旗玉隆太古墓和伊克昭盟瓦尔吐沟均出土的银项圈；洛阳西工区墓地出土的1件长弧扁平如意形金带钩，钩首为龙形，钩身饰弦纹，并分出4个区，内嵌4块贝形银饰；陕西神木纳林高兔出土的1件银带扣，为四虎头两两相

对形成环状；张家川马家塬出土的6件银带扣，形制与纳林高兔出土者十分相似，不同之处在于两两相对的是龙首而不是虎头；张家川马家塬墓地出土的6组带饰，其中5组为金质，1组为银质，均由锤揲而成的双S形饰片和浮雕有动物纹的牌饰组成，饰片上也多浮雕动物纹；内蒙古地区大量出土的金银牌饰，这些牌饰形制较大，为长方形或P形，多成对出土，模铸而成，上面浮雕或透雕动物纹图案；甘肃张家川马家塬墓地M16出土的2件银鞋底，以薄银片制成，鞋底有38个有规律的小孔，长21.5厘米，宽8厘米；内蒙古伊金霍洛旗石灰沟古墓出土的2件类似的银靴底饰片，上面镂刻出呈螺旋式的圆圈及三角形纹饰，鞋底布满有规律的

小孔，长25.2厘米，宽4.7—8.85厘米，厚0.05厘米，这种银鞋底应是缝挂在死者鞋底使用的装饰品。

战国时期，盏、杯、器盖、漏匕、盆、盒等银制器皿开始大量出现在墓葬中。银制构件也出现在车马器中，如内蒙古西沟畔M2出土的7件虎头形银质节约，四川成都羊子山M172出土的作为车盖弓饰使用的各类银管。1980年出土的秦始皇陵铜车马上发现了一批金银车马具构件，其中仅二号铜车马上就配备了737件金构件及983件银构件作为车马具装饰，华美异常。1978—1980年发掘的西汉齐王墓中出土了131件银器，是迄今为止西汉出土银器数量最多的考古发现。山东西汉临淄商王村一号墓出土了一批银质器皿，包括银匜、银盘、银耳杯、银匕、银勺等，一些银器上还刻有铭文。这一时期的银器加工工艺基本来源于金器，而早期金器的制作工艺则有相当一部分来自中国古代发达的青铜铸造工艺。

除生活用具之外，金银在这一时期开始进入货币流通领域，发挥其价值尺度的功能。河南扶沟古城村窖藏出土有银布币18枚，是迄今发现的仅有的东周时期银质货币。

春秋晚期后，银逐步登上器物装饰的舞台，主要是以银装饰铜器、铁器、漆木器。银箔、银叶、银片饰以包镶、粘贴等方式装饰铜、漆、木、玉石等器物，构成了东周时期出土金银器中比例最大的一部分。制作与竹木配合使用的器物银附件也较为风行，如张家川马家塬墓地M1出土了1件银杯套，推测是套在木或竹制的器物上使用的；河北易县燕下都辛庄头墓区30号墓出土了4件银边饰，均做成近似直角折角状，另有椭圆形金箍、银鐏形器、银帽形器、银帽盖等；平山县灵寿城成公M6出土了银帽盖套在木器上；河南新郑胡庄战国韩王陵出土了1件银箍口，上还有"王后""王后宫""太后"的刻铭；山东临淄商王村一号墓出土了1件漆鐏，器口饰有银扣，器身有一银箍；成都羊子山M172出土了1件漆奁，残存3个银质纽饰。银也与铁、铜等一起，制作、装饰兵器，如陕西神木纳林高兔出土的1件银质错金的剑柄，剑格为相背的两羊头，环首部还饰一周对虫纹。

战国时期，银也作为印玺的制作材料，留存了部分遗物。辽宁省锦西县台集屯徐家沟古墓出土了1枚银印，方覆斗形，鼻纽，长、宽各1.7厘米，通高1.6厘米，阴刻大篆字体，但字不识。另外，湖南沅水下游楚墓采集到1枚银印，方形，坛纽，印体呈盠形，阴刻"田"字界格刻"长信侯口"四字。除了纯银制品外，错金银器物、鎏金银器物和包金银器物也是东周时期金银器的重要组成部分。

总的来说，秦汉时期的银器进入一个承前启后、全面发展的新阶段。出土地域范围更加广泛，数量更大，类型更加丰富，制作工艺越发成熟，已脱离青铜工艺独立成型。这一时期的出土银器分布，逐渐向边疆扩散，虽然仍以装饰人身和器物的各类装饰品为主，但银质器皿明显增加。已出土的数量巨大且工艺精湛的汉代金银器，涉及人身装饰品、器物构件及附属装饰品、器皿及生活用具、货币、印玺、明器和杂器等类别。

魏晋南北朝时期，各民族间的经济文化交流愈发频繁，伴随丝绸之路而来的西方文化和佛教艺术对中国银器艺术产生了重要影响，无论是器型还是纹饰都流露出新鲜的异域风情和民族风格。忍冬纹和莲花纹在这一时期银饰及器皿中的出现说明了佛教艺术传播的影响。

隋唐之际，金银器艺术得到长足发展，工艺高超，技法精湛，名师辈出。银器的种类、纹饰、工艺以及数量，都得到前所未有的发展，达到中国银器发展过程中的第一个高潮。宋代银器在继承前代的基础上，更加繁荣，形制轻盈，纹饰雅致。唐宋时的南诏、大理国，也发展出独具特色、技艺超高的金银艺术。

经过元明清时期的发展，中国银器艺术已经发展成为民族民间艺术的一个宝库。作为凝结各个时代独特历史与文化符号的载体，银器艺术不仅体现出自身的发展历程，更反映出不同时期、不同民族、不同文化间的交流与影响。

二、云南银器的发端

云南银矿资源丰富，但由于银矿的开采、冶炼工艺相对青铜技术来说难度更大，因此云南银器的出现时间应当晚于北方及中原地区。伴随庄蹻入滇、秦开五尺道、汉武帝元封二年（公元前109年）设益州郡，云南与内地的联系愈发紧密。以青铜文化为代表的滇国在金银器的制作、使用方面，曾达到很高的水平，无论是工艺还是器型，都受到汉文化的明显影响。银器在云南的确切出现时间目前尚无定论，但据目前出土资料显示，在滇文化早期墓葬中，尚无见到银质器物出土。战国末期到两汉，是云南银器出现、发展的重要时期，银器在云南的制作、使用最晚不迟于西汉。早期云南银器主要出土于晋宁石寨山及江川李家山的大型墓葬中，这一时期纯金器物占主流，银质器物虽有一定数量的发现，但远远不如纯金器物发达。《江川李家山第二次发掘报告》中提及江川李家山墓葬出土的金银器总数6373件，其中银器或者使用银装饰的器物约60件。

云南的贵金属矿产多为共生矿，往往是金矿与铜矿共生，银矿与铜矿共生，金矿与银矿共生，由于当时缺乏相应的精炼技术，无法将其进行分离，云南出土的早期金银器往往是金银铜三元合金，金器和银器的主要区别在于金银所占比例不同导致的呈色不同。《石寨山第五次挖掘报告》中，在对晋宁石寨山M71中出土的6件非铜金属器物进行光学显微镜金相分析和扫描电镜成分分析的结果显示，6件器物分别为金器、银器和银铜器：1件剑鞘为金器，纯度达到99.5%；1件泡钉为银铜器，银含量为94%；3件银金器物，分别为马具、泡钉和饰品，银多金少，银含量范围为79.1%—85.3%，金含量为13%—20.6%，除此之外还含少量铜；1件银金铜合金为泡钉。这种银铜成分的金属在古代金属器中很少见，然而在古滇地区却广泛见于晋宁石寨山和江川李家山古墓葬。除了使用银作为主要材质制作配件或饰品外，错银、鎏银、包银等也有少量出现，甚至同一器物上可能出现多种材质组合而成。樊海涛在《滇青铜文化与艺术研究》中曾记录下2011年9月13日北京科技大学李晓岑教授等人在云南省博

◆ 西汉 饰三鸟铜盒

　　石寨山 M11 出土。高 12.5 厘米，口径 13.4 厘米，重 1250 克。云南李家山青铜器博物馆藏

物馆对石寨山出土的西汉饰三鸟铜盒进行检测时，意外地发现这件铜盒为铜锡合金，而盒盖上焊铸的三鸳鸯两只为银鸳鸯，另一只为铅鸳鸯。为何有这种材质上的不同？英国伦敦大学亚非学院（SOAS）倪克鲁（Lukas Nickel）教授认为，可能是出于颜色区别的原因。他指出，在中国发现的其他的裂瓣纹银盒上的小兽也与盒身在色彩上有所差异。

晋宁石寨山和江川李家山古墓葬出土的银器，以器物配件（兵器、漆器等）为主，主要是兵器配件和漆器配件，饰品尤其是人身饰品为辅。以石寨山71号墓为例，金银器均有出土，金器主要是鞘饰、片饰（圆形、长方形、旋纹、动物形）、金珠、金扣等；银器主要是泡钉（M79：29②5件、M71：122②8件）、银扣（M71：122①45件、M71：122③1件）、葫芦形扣饰（M71：116⑪7件）。除了器物装饰外，人身饰品也有出土。石寨山M7中出土了西汉银错金镶石有翼虎纹带扣。该带扣为银质，整体为盾牌形，长10厘米，前端宽6.1厘米，后端宽4.2

◆ 西汉　金银泡形头饰及线图

M68：78，李家山出土。铸制，略呈圆锥形，顶端圆形上突，顶平，泡面铸有阴线卷云纹，背空，表面锈蚀呈黑色，径5.7厘米，高2.9厘米，重47.3克。出土时候在头部两侧，应属头饰。舞俑铜鼓上的二俑，头部额角戴有类似的头饰。云南李家山青铜器博物馆藏

◆　西汉　银夹及线图

M51：161，李家山出土。用银片中间弯曲对折，两端平行，形状纹饰相同，顶端对折处有二孔，出土时曾见夹在金腰带饰上。云南李家山青铜器博物馆藏

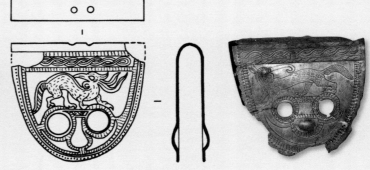

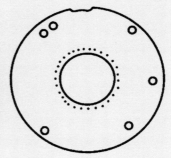

◆　西汉　圆形银片饰及线图

M47：193，李家山出土。残碎，薄片圆环，上端边沿和内孔沿凿有双联小孔，环边沿另有四小孔，内孔边沿錾凸起小线纹一周。直径2.5—2.6厘米，孔径0.9厘米，重0.7克。云南李家山青铜器博物馆藏

◆　西汉　银泡钉及线图

M68：206，李家山出土。圆形银泡，泡正面隆起较低，中央圆环状突起，周围铸有穗状纹。边沿一圈，中间交叉做"十"字形，背空，中央钉做圆纽状，泡径4.8厘米，通高1.9厘米，重29.4克。云南李家山青铜器博物馆藏

厘米。扣四周有穿孔，前端扣针活动自如，带扣上有弧形空槽以引带，有带齿以扣孔，结构与我们今天使用的皮带扣相似，使用锤鍱工艺形成突起的虎形装饰，虎肩肋部有双翅，虎目镶嵌以黄色琉璃珠，虎身使用绿松石、金片等镶嵌装饰。有翼虎的右前爪持一枝状物，身后山石、卷云做缭绕翻腾状。张增祺先生认为，这件带扣从其有翼虎图案的艺术构思、形象特征以及黄色琉璃的制作工艺来判断，应当不是云南本地产品，也不是来自内地。相反，从其盾牌形造型来看，很可能最早是从西亚传入云南，后又传至我国内地和日本。只不过传入云南者为西亚地区的原产品，而我国内地和日本的则可能是仿制品。

李家山出土的银制饰品数量及种类有所增加，但造型和装饰纹饰都以简单大方为主。头饰有银簪、银发针、金银泡形头饰，手臂饰有银指环、银钏，腰带饰使用银夹、鼓形银饰、圆形银片饰、金银片饰、长方形金银框饰、银泡、银泡钉、金银珠等等。李家山M51出土的西汉银夹，长5.1厘米，宽5.6厘米。边沿錾有凸起点线纹一周，饰细刻纹，中间为侧身而立的神兽，神兽为鸟首兽身，回首向后，喙长，稍曲，翎粗长，弯曲前飘身较细长，拱背，前足低后足高，粗尾下垂。上沿为纽绳纹，下部为凸起的圆泡和圆孔，边框为刻线间夹錾凹的剔点纹。西汉鼓形银饰，李家山M69出土，银质铜鼓形饰物，无耳，内空，鼓面弧形上鼓，中有圆孔，足端有平底，似为挂坠饰，高1.7厘米，足径1.6厘米，重6克。李家山M68出土的银质泡形饰，略呈圆锥形，顶端圆形上突，泡面铸阴线卷云纹，背面近顶处有小横梁以供穿系。同墓出土的铜鼓上的舞俑，其头部额角处佩戴有形制相似的头饰，因此推断这些泡形饰也是钉缀在冠

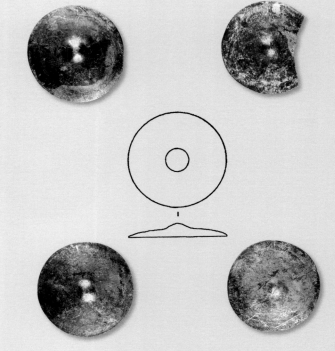

◆ 　西汉　银泡及线图

M68：249-2，李家山出土。锻成圆形银泡，中间凸起圆锥形小乳突，背空无横梁，径1.7厘米，高0.2厘米，总重3.4克。云南李家山青铜器博物馆藏

◆ 　西汉　金银鞘饰

M68：31。云南李家山青铜器博物馆藏

◆ 西汉 金银鞘饰及线图

　　M51：116，李家山出土。共4片组合而成，其中2片金质、2片银质，金银片饰依次渐窄排列，金上银下。云南李家山青铜器博物馆藏

◆ 西汉　金银鞘饰及线图

　　M51：204，李家山出土。共8片组合而成，其中6片金质、2片银质，较完整，纹饰为梯形锻回旋纹为主的组合。云南李家山青铜器博物馆藏

帽上使用的头部装饰品。

江川李家山古墓葬中出土的兵器装饰更加丰富，且剑鞘是装饰的重点，出土了一批精美的金银鞘饰和银鞘饰。李家山M51集中出土了一批金银鞘饰。西汉金银鞘为片状，依次渐窄排列，二金二银、金上银下。上首金片为宽而短的倒梯形，横有一行连续回旋纹；中间金片为扁六边形，中间为一排连续回旋纹，两侧为侧身而立两足相对的神兽；中间银片为横长方形，下边稍窄，中间以"人"字形分隔，两侧对称，中间为重叠菱形，四角为涡纹，长4.5厘米，宽7.1—7.7厘米，重5.6克（焊接后）；最下方银片也是六边形，下边稍窄，二双旋纹中间雷纹，长5厘米，宽6.6厘米，重5.3克（焊接后）。西汉金银鞘共8片组合而成，其中6片金质、2片银质，较完整，纹饰为梯形锻回旋纹为主的组合。上首金片为倒梯形，双线边框中为一行连续回旋纹；下方为倒梯形金片，两侧对称2片饰方格纹金片；下接倒梯形饰双旋纹金片；再下接两片方形银片并列放置，饰中一周四五个同心圆纹，长2.7厘米，宽2.7厘米，两片共重3.2克；最下方为饰竖条纹金片。李家山M68也出土了2件银鞘饰，出土时残碎，经焊接。除此之外，还有银镖、银茎首、金银鞸鞡、金银盾饰等器物饰件出土，类型更加多样化。

镖和盾饰主要出土于江川李家山墓地。镖是指剑鞘末端的铜饰，断面略作菱形，平底较窄，通常放置在剑鞘的下端。李家山多个墓葬中均有银镖出土。盾饰是一种圆形铜片，正面中央呈半球形突起，背面相对应内凹，通过背后的横梁穿缀固定在革盾或漆盾上以作装饰，李家山出土的盾饰多见金银合制。鞢，即古代射箭时戴在手上的扳指，"虽则佩鞢，能不我甲"，也是金银合制。

漆器也是这一时期使用银来装饰的重要器具。石寨山M23出土的银饰漆奁，盖上饰银柿蒂花、饰银箍；江川李家山M69出土的漆盒残件腹部饰鎏银半球形泡钉一圈；江川李家山M49银扣漆奁残存银扣多道、柿蒂形银饰2片；M51出土漆奁银环纽及漆卮银扣4道，M68出土漆器银扣6道，修复后呈长条薄片。这些器物基本为西汉武帝置郡后的西汉中至晚期，这种在漆器口沿上镶镀金或镀银的铜扣就是《后汉书·和熹邓皇后纪》中所谓的扣器。汉代漆器制作精美，色彩鲜艳，装饰精致。《旧汉仪》中提及"大官令尚食，用黄金扣器；中官长、私官长尚食，用白银扣器"，说明当时贵族和宫廷所用的器皿主要是漆器。漆器上装饰有柿蒂形片，镶嵌水晶和琉璃珠是东汉时漆器的流行器型，在洛阳和平壤都有出土类似器物。李家山发现的"扣器"，大多应来自中原汉王朝对边郡官员和少数民族首领的赏赐，属于十分珍贵的器具。

包银、错银、鎏银器物也有少量发现。包银主要见于包银铜泡、包金银铜茎铁腊剑。错金银兵器的类型主要涉及刀、剑及兵器附饰鐏和镦，通常在剑格、剑首部位用金银丝错嵌出纹饰。

除滇中晋宁石寨山、江川李家山之外，滇西北、滇东北也有银器出土，以东汉时期墓葬为主。银质的日常用具开始出现，可见东汉时期云南银器的制作与使用已经比西汉时期稍微普遍了一些。德钦永芝M2出土的4件片状银饰，有学者认为是

◆ 西汉 银鞘

M68：239，李家山出土。残碎，下端残损。长条形，沿中线锻出突泡连珠纹，正面弧形隆起，两侧内收两级。残长 19.5 厘米，宽 2.4—3.1 厘米，重 19.8 克（焊接后）。云南李家山青铜器博物馆藏

◆ 西汉 银鞘

M68：25-2，李家山出土。残碎，末端残缺。短而宽阔，两侧弯曲，中部和下部钝角突出，末端较窄向上斜翘，正面隆起，中线有折棱。残长 22.5 厘米，宽 9.2 厘米，重 79 克（焊接后）。云南李家山青铜器博物馆藏

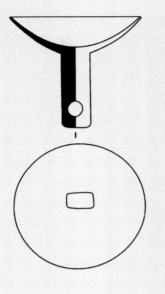

◆ 西汉　银茎首及线图

　　M68XI: 37，李家山出土。银铸圆形凹盘，微扁，茎面有短茎，断面呈长方形，横穿一孔。通高 4.1 厘米，首径 4.5—4.6 厘米，重 53.7 克。云南李家山青铜器博物馆藏

◆ 西汉　银茎首及线图

　　M68: 358，李家山出土。长方锥形，首面长方形，四棱锥状突起，四面分别错银呈三角形，色泽与器身不同，或因含银量不同所致。茎面长方锥形，有短茎，内空，可套于剑茎侧，首面和茎面连接处有凹槽一道。通高 3.6 厘米，首面长 3.2 厘米，宽 2.7 厘米，重 60.9 克。云南李家山青铜器博物馆藏

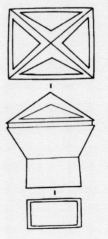

◆ 西汉 金银鞢及线图

M68：205，李家山出土。鞢是古代射箭时戴在手上的扳指，呈束腰圆管状，一端较细，表面铸有纹饰，为金银铜三元合金，含银、铜较多，出土时表面呈黑色，内壁有零星铁锈，表面铸卷云纹。长2.7厘米，径2.3—2.6厘米，重22.7克。云南李家山青铜器博物馆藏

◆ 西汉 银镖及线图

M51：248-1，李家山出土。铸为扁筒状，断面呈枣核形，口内凹，底稍宽。口方形内凹，正面中部一孔，孔内铆金。长4厘米，宽3.1—3.4厘米，重32.6克。云南李家山青铜器博物馆藏

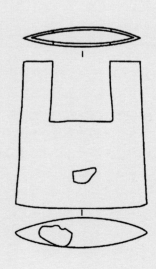

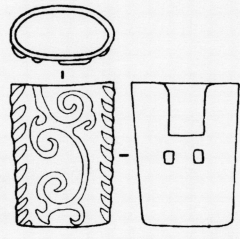

◆ 西汉 银镖及线图

　　M47：252，李家山出土。破碎经修复，铸为扁筒状，断面呈椭圆形，底部稍窄，正面铸有突起卷云纹，背面方形内凹，中有两孔。长3.1厘米，宽1.9—2.3厘米，重17.1克（焊接后）。云南李家山青铜器博物馆藏

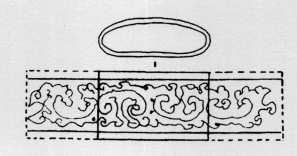

◆ 西汉　银镖及线图

M51: 233-2，李家山出土。较完整，铸为扁筒状，断面呈椭圆形，背面稍平，底微收，环铸阴线卷云纹。长 1.8 厘米，宽 2.7—2.8 厘米，重 15.2 克。云南李家山青铜器博物馆藏

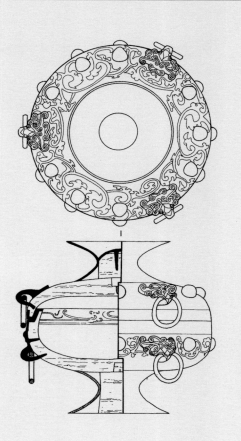

◆ 西汉　漆盒及线图

M69: 174，李家山出土。木胎，盒身和盖略呈半球形，子母口扣合后呈扁圆球形，表面绘红、黑色纹饰，盖、身镶有相同的铜饰件，口部镶鎏金铜扣，腹部饰鎏银半球形泡钉一圈，近口处饰鎏金铺兽衔环。通高 20.8 厘米，口径 19.2 厘米，腹径 21.6 厘米，木胎厚 1.5 厘米。云南李家山青铜器博物馆藏

云南少数民族银器

◆ 西汉　漆卮银扣及线图

　　M51：50，李家山出土。器身已朽没，仅存铜、银饰，高面圆环，两端各出一小环齿。通长 2.5 厘米，环径 2.4 厘米。云南李家山青铜器博物馆藏

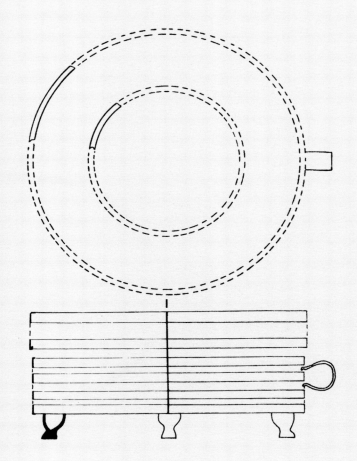

西汉早期银器。昭通市鸡窝院子汉墓出土银圈（3件）、昭通县白泥井汉墓出土银手镯（3件）、昆明羊甫头墓地M481银镯（1件）、昭通象鼻岭崖墓M2银镯（3件）、昆明羊甫头墓地M428出土银镯（1件），均为东汉时期的银器。不难看出，这一时期银手镯已成为主要佩饰。昆明羊甫头墓地M440出土银镯（1件）。耳饰仅见昆明羊甫头墓地采集的银耳环。除此之外，银碗、银筷、银带扣、银圆珠饰、银片饰、银印也有出土。如昭通象鼻岭崖墓M2出土的银碗，高5.8厘米、口径12.6厘米，直口，底内凹；大关岔河崖墓出土的银筷，形制较简单，上端作四方柱形，下端渐收圆；昆明羊甫头墓地采集的银印料，长方形，印面长2.5厘米、宽2.2厘米、厚1.1厘米。

从形制和装饰纹样上来说，滇国文化的元素已经逐渐伴随古滇衰落而逐渐退出历史舞台，汉文化的影响更加深入。而银器从器物配件、饰品逐渐转变到生活用具的过程，正是云南银器冶炼、制作工艺成熟的过程。

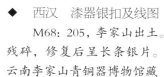

◆ 西汉 漆器银扣及线图
M68: 205，李家山出土。
残碎，修复后呈长条银片。
云南李家山青铜器博物馆藏

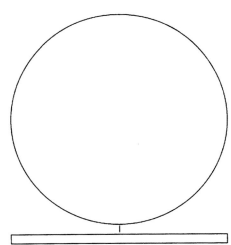

第二节 银品生活

中国传统文化历来重视器物的实用功能，从老子提出的"有器之用"，到《周易》提出的"备物致用"，都是强调器物的实用性。这种"有器之用"和"备物致用"的思想，始终贯穿于器物艺术发展之中。云南少数民族银器质地贵重，但同样追求器物的实用价值。"备物致用"的思想深深影响了云南少数民族的银器造物。云南少数民族在生活中使用的银器种类十分多样，按器物用途主要可分为餐具、武器及其他生活用具等，涉及日常生活的方方面面，品类异常繁多，造型多样，在此仅选取具有代表性的用品进行展示。

一、碗箸食光

古人深信用银器制作的银筷、银勺、银碗、银酒具、银茶具有可以鉴别有毒物质的功能，因此银质餐具的使用极为广泛。餐具包括银碗、银筷、银勺、银叉、银刀、银盘等。银筷的造型，一般以上部方形、下部圆形为基本造型，两支筷子常以银链相连，上部方形四面刻有吉祥图案作为装饰，整体简单大方。银勺造型与现代普通餐具相差无几，凸显民族特征的是长柄上刻有少

数民族崇尚的植物花纹。餐刀和餐叉是人类历史上最古老的餐具之一，我国河姆渡遗址中就有石质餐刀出土，齐家文化出土了骨质餐叉。随着我国饮食文化的发展，烹饪技术的发展带来饮食的文明时期，食材在进餐时候已经切好，不需要再用刀叉进行分割，因此筷子逐渐成为中国饮食的主流餐具。民国时期云南少数民族中使用的银刀、银叉，大多来自英、法等国，经由各种途径来到云南，并在少数民族生活中扮演起时尚、文明的象征。19世纪下半叶，清王朝日趋衰微，英法两国对云南垂涎已久，频频试图将势力范围延伸至此。英国对缅甸的殖民渗透，法国对越南的占领，滇越铁路的开通，加速了云南与世界的沟通，使得云南成为近代中国接触西方的最前沿。白族、纳西族、傣族等民族，一方面因为屡屡有民族上层到日、英、法等国学习，受到西方文明的影响；另一方面，规模巨大的跨境贸易，使得人们有财力、有机会与西方饮食习俗接触。因此，在民国时期云南少数民族家庭中出现西式餐刀和餐叉，是可以理解的。

◆ 民国　银胎珐琅花鸟纹勺

◆ 民国　银胎珐琅花鸟诗文酒杯

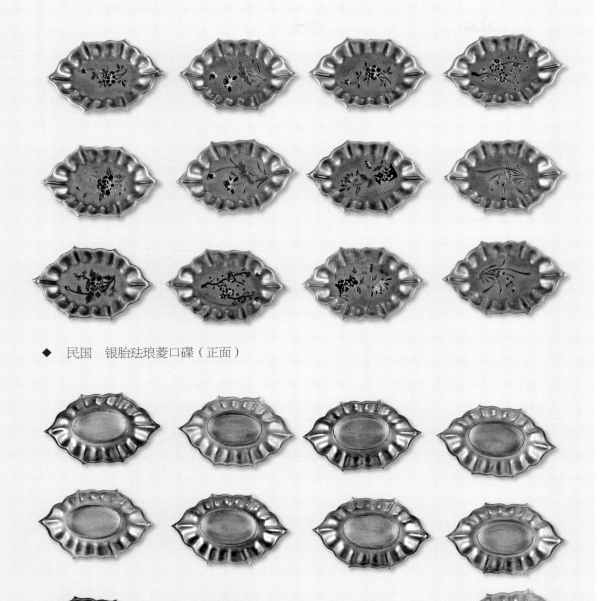

◆ 民国　银胎珐琅菱口碟（正面）

◆ 民国　银胎珐琅菱口碟（底部）

民国时期云南少数民族使用的中式银质餐具尤其是银胎珐琅餐具，多在昆明、大理、丽江等地制作。银胎珐琅又称银烧蓝，是以银为胎，用银花丝在胎上掐出花纹，再用透明、半透明的珐琅釉料填于银胎花纹上，经过500摄氏度到600摄氏度左右的高温多次烧制而成，比起纯银制品，银胎珐琅显得绚丽明快，别具一格。银胎珐琅一般用来制作器型较小的用具或者摆件。银胎珐琅花鸟勺的勺柄以蓝色珐琅为地，掐丝花纹为金料花鸟纹，颜色搭配明丽，纹样生动；银胎珐琅花鸟诗文杯，也是酒杯外侧蓝色为地，配以金色掐丝吉祥花鸟纹及与酒有关的诗文为图；银胎珐琅花卉菱口碟外侧以蓝色为地，配以蓝、绿、红、黄、白等颜色描绘的牡丹、菊花、莲花、梅花、兰花等四季花卉，十分赏心悦目。除了花卉纹之外，银胎珐琅还常常使用一些吉祥图案和文字来进行装饰。

清代纳西族珐琅银胎双喜银杯，直身，足微外撇，制作精美异常，杯身外侧通体以浅蓝为地，以花丝掐出双喜、葫芦、缠枝花卉等图案，寓意吉祥，构图饱满，层次分明，颜色清雅。

民国西双版纳傣族银杯造型简洁，常为素面，偶尔会在杯柄及口沿处錾刻简单的几何纹和缠枝纹。因为含银量较高因此常常在氧化后呈现特殊的黑色，这并没有减少它的光辉，反而显露出一种独特的美感。

除纯银餐具外，还有银与其他材质配合制作的餐具。民国藏族包银木碗是藏族地区常见的生活用品，银质碗盖宝珠盖顶，錾刻莲花、卷草等纹饰，碗身外侧为木质，碗内为银质。包银木碗代表富有高贵，既是吃糌粑的餐具，又是喝酥油茶、奶茶的茶具，还是饮青稞酒的酒具。木碗可以避免喝茶时烫伤，碗内的银则可以告知客人：我的酒，你可以放心喝，没有毒。除了木碗之外，藏族也使用陶瓷质地的餐具，配以银质盖。

◆ 清　纳西族珐琅双喜银杯

◆ 民国　西双版纳傣族单耳银杯

通高 6.5 厘米，口径 8.4 厘米，重 150 克。西双版纳民族博物馆藏

◆ 民国 藏族錾花银盖木碗
高 4.5 厘米，口径 13.5 厘米

◆ 民国 藏族银盖绿釉碗

二、但觅烟酒茶

酒具包括酒壶、酒杯以及托盘等。大理白族酒具最具特色，九龙壶是现代大理白族银器制作工艺的代表。现代白族九龙银壶由酒壶、托盘和酒杯组成，整体造型优雅端庄，小口外撇、细颈、流肩、垂腹；颈腹间一侧制一柄，柄形为一龙形，另一侧为弯曲长流，其间以圆柱串珠横板。壶身雕有九条龙，其中壶盖、酒壶柄、壶嘴上各雕一条龙，壶身盘满六条龙，九龙腾飞，神态各异、栩栩如生。八个酒杯器口为圆形，杯体之下接莲花形杯座，底部向外撇，呈喇叭状。酒盘呈圆形，卷口，盘内雕满龙、八仙、藏八宝和吉祥图案。此套酒具设计非常巧妙，酒壶里的酒水刚好倒满八个酒杯，一滴不多，一滴不少，是现代云南大理鹤庆白族地区银器制作的精品。

茶具包括茶壶、茶杯、茶托、茶碗、茶筒等。茶具一般包括茶壶、茶碗和托盘。其中茶壶以单耳、单嘴、圆底座为基本形制，矮颈、折肩，半球形盖上有环扣，壶嘴为立起的蛇头形，圆鼓腹，腹壁斜收，下接盾形底座，壶身布满龙纹装饰，整体造型敦厚，茶碗比例合度，撇口、深腹，腹壁稍斜，下腹斜收，足稍高；腹身刻有龙凤、莲花等传统吉祥装饰题材图案，底座刻有回纹。托盘呈圆形，卷撇口，盘内底部雕满龙凤图案。盖碗茶杯，杯身侈口外展，折沿，斜直腹，腹部上宽下窄，平底无足，杯身上部和下部分别刻有一圈回纹，中部刻有卷草纹等植物纹样。茶碗盖呈喇叭形，有环形抓柄，碗盖恰嵌入茶杯口沿，使之结合紧密，不易

◆ 现代　白族九龙银壶

壶高 23 厘米，底径 2.5 厘米，重 324 克；盘口径 25 厘米，重 352 克；杯高 8.3 厘米，口径 5 厘米，底径 3.7 厘米，重 46 克

滑落。盖上刻有荷花等植物装饰纹样。

由于特殊的历史地理环境，云南少数民族地区的人们喜抽水烟或旱烟，因此银质烟具也是生活中的常见用具。银器制作的烟具有银烟杆、银烟锅、水烟筒和鼻烟壶等。银烟杆、银烟锅的使用比较普遍，存世量比较大。烟锅使用的是旱烟丝。吸旱烟是云南众多少数民族的生活习俗，妇女吸烟也很常见，云南十八怪之一的大姑娘叼烟锅说的就是这个情况。

水烟筒是云南人吸烟的常用工具，距底部约25厘米处挖一小孔，斜插一小管是点烟的地方，筒内装水，上部开口处用于吸烟，据说这样的吸烟方式可以使烟气经过清水过滤减少刺激性，

烟气更加醇厚。吸水烟是中国传统的吸烟方式之一。水烟筒一般使用竹子制作，竹筒当作水烟袋还被称为云南十八怪之一。据说水烟筒最早出现在20世纪初的滇东南，后流行全省。水烟筒方言又被称为"水烟锅"，在云南农村，只要有男人的地方就有水烟筒。劳累了一天的人们聚在一起，三五成群地怀抱一只水烟筒，一边闲聊一边抽烟；婚丧嫁娶时，人们传递着水烟筒，你来一口我来一口，情感就在不经意中传递开来。现代白族錾花银水烟筒形制稍大，以圆筒形为基本造型，筒身雕有或者刻有龙凤、植物花纹等，目前银制水烟筒多见于白族地区制作。

◆ 民国　德昂族錾花银烟杆
　　通长40厘米，重84克

◆ 吸烟的元阳哈尼族男子

◆ 吸烟的拉祜族妇女

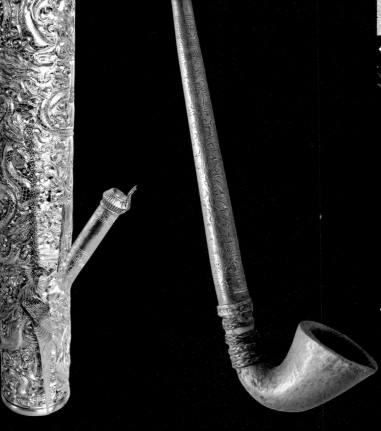

◆ 现代　白族錾花银水烟筒

　　通高60厘米，筒径8厘米，重1800克

◆ 民国　彝族錾花银烟锅

鼻烟壶，即盛鼻烟的容器，小可手握，便于携带。明末清初，鼻烟传入中国，鼻烟盒渐渐东方化，产生了鼻烟壶。鼻烟壶在清代盛极一时，王公贵族竞相使用，上至皇室贵族下至庶民百姓，吸食鼻烟成为一种普遍的嗜好。鼻烟壶的材质与工艺不断出新，在极袖珍的地方集多种工艺之大成，成为掌中文玩。藏族鼻烟壶，材质与造型上极具民族风格。清代鼻烟壶有珐琅、玻璃胎、瓷胎等，银质较为少见；鼻烟壶外形多为有圈足或无圈足的扁壶，而清代藏族镶松石银鼻烟壶则造型不羁狂野，满满游牧民族的味道。壶身扁圆弧底，腹部隆起，颈部有系环，与适合挂在马背上使用的皮囊壶颇有相似之处。银丝编绳纹沿边绕一圈，壶颈一圈银丝卷草纹，壶口镶一圈绿松石，壶塞饰一颗红珊瑚。整个造型简洁大方，制作精美，民族风格强烈。

◆ 清　藏族镶石花丝银鼻烟壶
　　通高 6.2 厘米，腹径 4.2 厘米，底径 3 厘米，口径 2 厘米

◆ 清　藏族镶石银鼻烟壶

三、男女皆用银

因材质贵重，过去民间制作银质生活用具时一般器型小而精致，如针线筒、粉盒、香囊、小槟榔盒。勤劳的白族妇女们下地干活时常常随身携带针线，休息时拿出来缝上一段、绣上几针，针线筒既是漂亮的佩饰，又是方便的工具。针筒分筒盖和筒身两部分，筒身编丝花纹，链上再坠一双银铃，实用又美观。针线筒可单独使用，也可与挂饰配合，做成三须、五须的构件之一。

精致易于携带的小银盒也是众多少数民族喜爱的用具。民国纳西族珐琅花鸟小银盒呈椭圆筒形，盒盖为珐琅牡丹蝴蝶纹，盒身为珐琅牡丹喜鹊纹。傣族的小银盒，常常用于装槟榔，形制简洁，椭圆筒形，中腰稍窄，盒身多为素面，盒盖錾刻简单几何纹、花卉纹或鱼纹。喜食烟草的民族也常常会弄一个银烟盒随身携带以便使用。

◆ 民国　白族錾花镂空银针线筒

◆ 民国　纳西族珐琅花鸟小银盒

◆ 民国　傣族椭圆形錾花银石灰盒
　　通高 4.1 厘米，最长径 4.5 厘米，重 40 克。西双
版纳民族博物馆藏

◆ 民国　傣族椭圆形錾几何纹银石灰盒
　　通高 3.1 厘米，直径 4.6 厘米。西双版纳民族博物馆藏

◆ 民国　傣族圆形錾花银草烟盒
　　通高 3.5 厘米，底径 4.1 厘米，重 70 克。
西双版纳民族博物馆藏

◆　佩戴饰品的傈僳族男子　　　　　　　　　　　　　◆　佩戴饰品的佤族男子

云南少数民族男性使用银器来装饰自身的情况并不少见，耳环、手镯、臂钏等都有使用。然而有一类用具最为特殊，它既实用，又是装饰品，更是身份的象征，这就是刀具。

藏族是一个尚武的民族，随身佩刀是藏族的风俗。佩刀不仅是兵器，更是个人身份和阶层的标志。早期藏刀的主要功能是防身或切割食物，后来逐渐从实用物转变为配饰。藏刀一般分为长刀和腰刀。腰刀随身携带方便，刀把、刀鞘常常使用银来制作，通体錾花，镶嵌绿松石、珊瑚等珠宝，也有使用鲨鱼皮来装饰，佩挂在身俨然就是一种特别的装饰品。藏刀的手柄、刀鞘常常装饰藏传佛教题材的纹样，刀鞘上装饰法轮、莲花、吉祥八宝、金刚杵等，刀柄主要有云纹鹰首等。腰刀刀鞘纹样多采用龙、虎、鹰、狮、莲花等与几何纹、忍冬纹等搭配使用。部分精美的藏刀常常还使用绿松石、珊瑚等进行装饰，配以錾刻、掐丝等工艺，显得富丽堂皇。可以说，在纹饰的运用上，藏刀的装饰风格既传统又多样，在固有的纹饰基础上根据实物情况进行搭配。藏刀造型宽厚，出门可防身，上山可以挖草药，猎到野兽可以剥皮砍骨，一刀多用，实用异常。

◆ 民国 藏族錾花银鞘腰刀
通长 35 厘米，鞘长 24 厘米，鞘宽 4 厘米

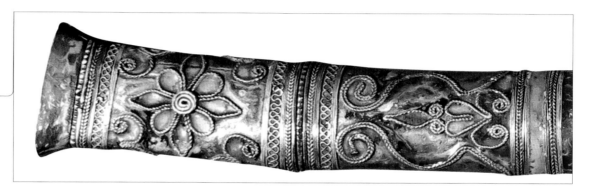

◆ 民国　傣族牙柄银鞘腰刀
　　通长 28.5 厘米，刀鞘长
18.5 厘米，宽 2.5 厘米

　　傣族人自古就有出门带刀的习惯，在森林中行走时开道、防身、装饰腰带，是傣族佩刀的重要原因。一些装饰性极强的银刀只有地位较高的人才可以佩戴、使用，其功能也主要是装饰。傣族佩刀也有长短之分。长刀是在作为生产工具来使用的砍刀基础上发展而来的，极为锋利，既是劳动工具，又是习武和自卫的武器。精美的佩刀，只有土司才有资格保管和使用，据说土司出行之时，专门有武士为土司捧长刀。由于地域原因，傣族佩刀除自制之外，主要来源有德宏陇川的户撒刀和缅甸的缅刀。户撒刀，又称景颇刀、阿昌刀，2006年5月被列入云南第一批国家级非物质文化遗产目录。"户撒刀以物致用、多元文化、意象写实和精神诉求为普遍的造型特征和方法，将追求自然美、工艺美和装饰美完美诠释。"缅刀是驰名世界的名刀之一，其特点是薄、软、轻，做工十分考究，注重实战性能，多用渗银技术，光亮不易锈，称得上是绕指柔的百炼钢。使用银鞘、象牙柄制作的缅刀通常是身份高贵的人使用，是身份地位的象征，刀鞘和刀身都錾刻精致图案，以人物纹和动物纹为主，辅以唐草纹。

◆ 民国　傣族银鞘骨柄腰刀
西双版纳民族博物馆藏

◆ 民国 錾花银鞘象牙柄刀

◆ 民国 錾花银鞘象牙柄刀身

第 三 节　美哉槟榔盒

一、人人嚼槟榔

　　槟榔盒是云南少数民族生活中的常见用具，在云南的制作和收藏极为丰富。云南省博物馆收藏有一批制作、使用于清至民国年间的槟榔盒，造型美观，图案精致多样，设计或朴实无华或精巧秀美，工艺细腻复杂，装饰图案均为少数民族喜闻乐见的典型图样，充分体现其审美情趣和精湛工艺，反映了独特的民族民俗文化。然而在众多因素的制约下，对云南少数民族制作、使用的槟榔盒的了解和研究十分有限。

　　要研究槟榔盒在人们生活中的重要性，首先要了解这一地区使用槟榔的渊源。槟榔，又称洗瘴丹、橄榄子、山槟榔、马槟榔等，幼时如笋，树长成后似棕榈和椰子，皮如青铜，叶生顶端，入夏开花，秋季收获，其果实呈长椭圆形，橙红色。由于槟榔能辟秽除瘴、行气利水、杀虫消积，因此嚼槟榔这一习俗得以流传数千年。中国西南边疆的众多少数民族都喜嚼槟榔，因为槟榔的食用及药用价值，已将其作为日常生活中不可或缺的一部分。嚼槟榔不仅仅是一个简单的食用行为，它包含了十分丰富的文化内涵。傣族民间流传有槟榔（傣语称"麻"）与傣族一起诞生的传说，有傣族村寨的地方常有槟榔树。历史上的西双版纳，有染齿的习俗，无论男女，一旦进入青春期，便开始染齿，即所谓的"黑齿""金齿"。长期食用槟榔，能使牙齿与嘴唇染红，日积月累，嘴唇、牙齿尽染成殷红色乃至黑色。将牙齿染成黑色，被傣族认为是一种美和文明开化的象征。

　　食用槟榔时也很讲究。首先要对槟榔进行加工，主要是将槟榔的果子切成薄片，将之放在新鲜的芦子（生长在热带雨林中的一种草质藤本植物）叶片上，叶片则刷上一层石灰，再加上旱烟丝等各种自己喜爱的香料，包裹起来放入口中咀嚼。其次，嚼槟榔在数千年的流传中形成了一套有特定含义的复杂礼仪。嚼槟榔时见者有份，如果槟榔少人多，也要咬开来平均分配，第一枚槟榔给老人或者客人以示尊重，第二枚槟榔给最小的孩子，表示对后代的关爱，最后才依次分给众人。在日常交往和爱情生活中，槟榔也扮演了重要角色。见面时，通过互相交换槟榔来增进双方的关系、表达友善之情，常说"菜满桌子酒满碗，不见槟榔不为好"。婚嫁之时槟榔更是不可或缺，否则客人就会认为你待客心不诚。接新娘时，若不带着槟榔去，新娘就会以种种借口不出家门，因此傣族还有"按罗奔拗玛来，罗奔庄罗扣连"，即"接新娘带槟榔，新娘跟着新郎跑"的说法。"嗯玛来"（馈赠槟榔）是傣族一种别开生面的使用槟榔来传情定亲的方式。情窦初开的少男少女，在"串"的过程中，互相接触认识后，经过一段时间的交往，确定爱情关系时，要互相馈赠槟榔以表情意。小卜冒把装着槟榔的小盒子递给小卜哨，意即：姑娘，你看我把心都交给了你。小卜哨则把装在荷包里的槟榔递给小卜冒，意即：你把心交给我，我的心你也拿去，让我们永远在一起。最后，两人相对咬嚼一颗槟榔，表示白头偕老，永不分离。

正因为嚼槟榔在人们日常生活中占有的重要地位，因而与槟榔相关的各种用品和工具也就格外受到人们的重视。即便如今嚼槟榔没有了当年的盛况，但各种仪式中与槟榔相关的摆设仍然存在。在喜嚼槟榔的地区，几乎人人都有专为盛槟榔、石灰、草烟用的槟榔盒。

二、槟榔贮银盒

作为重要的盛器，槟榔盒制作工艺十分考究。从材质上来说，有竹、藤、银等；从造型上来看，主要有圆形、方形、六角形等，除此之外还有大盒套小盒的"子母盒"。其形制有大有小，大者可作为陈设用品，小的则盈手可握，平时或可放在荷包中，随身携带。

◆ 民国　傣族錾花子母银槟榔套盒

◆ 民国 傣族錾花子·母银槟榔套盒
通高 16 厘米，最大径 16 厘米

◆ 民国 傣族錾花子母银槟榔套盒盖

　　银槟榔盒是云南少数民族槟榔盒中最具代表性，也是最为重要的类型。除了盛槟榔及石灰、草烟、香料等搭配槟榔食用的物什外，槟榔盒还是显示身份、地位、财富的重要器具。银槟榔盒以其贵重的材质、精湛的工艺承担起了这一职能。在过去，银槟榔盒通常仅供贵族和赕佛使用，其质量和精美程度，甚至标志着使用者的身份地位。

　　银槟榔盒的众多制作者中，傣族的艺术水平最高、流传最广。有着悠久历史和灿烂民族文化的傣族，手工艺品制作水平高超，制作槟榔盒的历史也十分悠久。历史上，傣族的金银饰品与器皿，通常由民间称为"章恩"（银匠）、"章罕"（金匠）的工匠用手工制作；各地土司署还设有帕雅肯（帕雅等级的金属管理官员）、鲊章罕（管理金银器加工的鲊级官员），分别管理金、银饰品与器皿的制作。银制槟榔盒的制作与使用正是傣族社会中等级制度的一个实例。

　　傣族制作的银槟榔盒在制作工艺上有其独到之处，采用了锤鍱、锻打、花丝、镶嵌、焊接、打磨、錾花等工艺。最常见的是锤鍱、花丝、焊接、錾花等工艺。相比其他材质的槟榔盒，银槟榔盒材质更为贵重，制作较为规整、精细，充分反映了傣族制作金银制品的工艺水平，其大件可重达五六百克，小件仅一二十克。

　　民国傣族錾花银槟榔盒采用围焊工艺成型，以錾花工艺装饰，傣族文化特征十分浓厚。盖顶挑出飞檐，素面不作纹饰，底部撇足亦是素面，从而上下呼应。腰腹收起呈直筒形，上下交口处略小，同时满足了功能及造型的合理要求。顶盖及腰腹处以錾花满工装饰。盖顶纹饰主要分成三层：第一层以腾越在缠枝间的麒麟为中心，外围一圈链式堆云纹杂以四枚兽面乳丁纹；第二层是以连珠纹分隔的一圈蝙蝠纹，用旋纹及几何纹与第一层、第三层间割开来；第三层则是以六组开光瑞兽花鸟纹装饰，其中五组开光分别刻画了龙、羊、鸟、象、豹穿梭在花枝中的情态，另一组开光则描绘了棕榈等热带植物，边沿则间以三圈凸起旋纹及三圈几何纹加以装饰。整体纹饰繁复却不杂乱，形象生动，刻画细腻，其中一个开光中行龙挺首向前，在花枝间作行走之势，就充分展现了其高超的工艺水平。腰腹部亦是满工，主题纹饰是十二个连续开光，分别饰以人物、瑞兽、鱼、花瓶等纹饰，各开光间以一奇特的长足鸟分隔连接。主题纹饰上部錾刻六圈凸起旋纹，杂以六圈各色几何纹；下部亦以旋纹和几何纹间隔装饰，相互呼应。人物纹多为傣族神话故事中的人物，其形象神态、头饰服饰相对写实，与生活较为贴近；瑞兽纹刻画生动，动感十足；虾纹在其他民族的装饰纹样中十分少见，它与傣族聚居的地理环境和原生性的宗教信仰有着紧密联系；鱼纹、麒麟纹和花瓶纹都反映了汉文化的影响。

◆ 民国　傣族錾花银槟榔盒
通高 13.1 厘米，最大径 15.9 厘米，重 590 克

◆ 民国　傣族錾花银槟榔盒盒盖

◆ 民国　傣族錾花银槟榔盒盒盖局部行龙纹

底部同样设计了丰富的图案，其主题纹饰为一棵神树"顶天立地"将画面分为两半，树的左右两边各有一只大象和一只羊徜徉在森林中，大象均面朝大树或扬鼻或低头，羊在下方或扭头朝象或扭头望树，使用细线梳理勾勒植物的脉络和动物的动作，不仅生动写实，同时也极具艺术韵味。主题纹饰外部浅刻双圈环绕，中间留白，靠近足部浅刻旋纹四圈，中间加饰连珠纹。纹饰重点突出，富于变化，走錾流畅，排线匀净，刻线走錾显示出深厚的功力。象纹和神树的运用，反映了图腾神话在傣族传统文化中的地位。象纹是傣族文化中的典型纹样，寓意吉祥如意，象征着五谷丰登、生活美好，被广泛应用在生活中的方方面面。这不仅与傣族聚居的地理环境有关，同时也与傣族原生的信仰有着必然的联系。西双版纳由于其炎热的气候、茂密的原始森林，盛产大象。傣族自古崇拜象，在征战、运输、耕作中都少不了象，部族、宗教的领袖在一些场合更是要乘坐彩饰盛装的大象。同时这一地区还流传着众多关于大象的神话故事，故事中的神象镇天定地。这些流传久远的神话故事，代代相传。傣族将对大象的崇敬和感激之情，装饰在自己的生活中，托它们永保平安、吉祥。神树崇拜是傣族人与自然和谐相处文化中的重要组成部分，《山神树的故事》就是其中最为著名的神话。它主要讲述了在荒远的古代，洪水泛滥成灾，人类纷纷逃难，有五百家傣族相率巢居于一棵大树上，共同分食野果、猎取野兽。当他们下树散居于附近山洞的时候，人口已经大大增多了。但他们常来大树下欢聚，由老人主持把鹿角、熊胆、鹿腿祭献给山树神。今天很多傣族的村寨里，仍然祭祀着自己村寨的神树，逢年过节，都要到树下祭祀，祈求人畜安康、五谷丰登。而槟榔盒上保留的树木的纹样，很多都是傣族图腾崇拜的遗迹。

◆ 民国 傣族錾花银槟榔盒底部

◆ 民国 傣族錾花银槟榔盒腰部开光

作为一件传世的民国傣族錾花银槟榔盒，由于一直作为实用器使用且保存较好，因此品相极佳，包浆完整自然醇厚，恰如一位内秀的丽人，乍一看并非艳丽夺目，细细品味才发现秀美无比、韵味悠长。这个槟榔盒外部被包浆包裹类似黑漆古，打开时才发现银光耀眼、精致异常。外部的醇厚包浆、精美工艺与内里的素光夺目、朴实无华形成了强烈对比，给人以一种历史沉淀的时光交错之感。这种含银量极高、工艺繁杂细腻的银槟榔盒，通常是土司、大佛爷或者极为隆重的场合才得以使用。

民国傣族錾花银槟榔盒整体造型为直身，盖顶挑出飞檐，盖顶边沿与底部撇足均素面不作纹饰。两圈链式堆云纹将顶盖分为内外两区。内区以一俯身抬头的瑞兽为主，瑞兽外环绕一圈凸起莲瓣纹。兽头、兽身分开成型再焊接合在一起，头部形似兔，却又长有两只巨大的盘羊角作为把手；兽身上部匍匐在地，后腿凸起，以浅刻圈纹表现皮毛麟甲；兽爪紧缩似乎可以随时一跃而起，极具神韵。外区均匀排列着十二个四角凸起的旋转堆云纹，四角凸起间加饰三瓣莲花，每个堆云纹用两瓣莲花与其他相隔开来。近沿处使用花丝挤出一圈凸起的波浪纹，再配以錾刻的一圈人字链纹。除此之外，盖顶还用浅錾刻画了数种平面几何纹作为底纹，将凸起的浮雕衬托得更加独具神采。瑞兽造型的钮把是这件槟榔盒造型的亮点，瑞兽上半身伏地、下半身抬起，羊角弯度、高度恰到好处，充分体现了使用功能和审美需求完美结合。腰腹处满工装饰，主体纹饰为十二个开光，分别装饰鱼纹、虾纹、螃蟹纹、马纹、蝙蝠纹、瑞兽纹、莲纹等图案，各开光间以忍冬卷草纹相隔。主体纹饰上下分别以旋纹、几何纹和卷草纹营造出对称的节奏感和变化的韵律感。

◆　民国　傣族錾花银槟榔盒展开图

◆ 民国 傣族錾花银槟榔盒
高 9.8 厘米，最大径 13.4 厘米，重 270 克

◆ 民国 傣族錾花银槟榔盒盖

◆ 民国　傣族六棱錾花银槟榔盒
　　径约 8 厘米，高约 3.5 厘米

　　除作为陈设器外，也有可供随身携带的袖珍槟榔盒，其设计目的主要是为了方便随时食用槟榔。民国傣族六棱錾花银槟榔盒是一件典型的袖珍槟榔盒，用来装食用槟榔时的石灰，盒呈六方形，盒盖与盒身之间有链条相连接，防止使用携带中脱落丢失。盒盖主题纹饰为一只翔凤，凤首高昂回望，双翅齐展，长尾飘扬，姿态优美，配以一圈忍冬纹。边沿以两层凸线勾勒六边形，凸线间饰以莲瓣纹。凤鸟纹是中国传统艺术中最重要的题材之一，凤为百鸟之王，祥瑞禽鸟，古代常以之为国家兴旺昌荣和王道仁政的象征，被赋予了众多的吉祥意义。作为吉祥喜庆的象征，其在民间的运用较宫廷装饰更为广泛而丰富，西南地区的少数民族也极为喜爱采用这一吉祥图案来进行装饰。盒身接口处满工饰以回文，虽细小处亦不肯马虎。

◆ 民国　傣族六棱錾花银槟榔盒盒盖

◆ 民国　傣族六棱錾花银槟榔盒展开图

三、寓情于银盒

槟榔盒是云南少数民族手工艺和生活用具的重要器型，造型别致，装饰纹样生动而富有变化。作为一个实用与艺术完美结合的载体，槟榔盒以其精湛的工艺和丰富的内涵，传递了众多民族丰富的文化内涵和民族心理。制作这些槟榔盒的工匠们，将他们对信仰的理解、对美的追求，通过这一件件的槟榔盒传递给使用者和欣赏者。槟榔盒作为载体，传播着丰富的信息，关于自己民族的历史和文化，便凝聚在这小小的槟榔盒中。槟榔盒的珍贵之处，不仅在其审美与工艺价值，更重要的是其本身所体现的文化内涵。每一个槟榔盒，从颜色、图案到形制，都诉说着一个故事，诉说着那些在不经意间被记录下来的属于民族的历史与文化。槟榔盒的收藏，实际上是对历史与文化的收藏；对槟榔盒的欣赏，实际上是与民族历史文化的一种对话，是对少数民族文化遗产的一种解读。

通过对这些槟榔盒的赏析，我们可以对云南地区槟榔盒的艺术特征有所认识。

首先，多元文化相融合是云南少数民族槟榔盒最为突出的特点，也是其极高艺术水平的源泉。外来文化与本土文化的交融并存，使得其创造性与兼容性并存。地处中国内地与东南亚交流前沿的云南，无论对色彩的认识运用，还是图案喜好，都与云南和内地、东南亚地区政治经济文化间的交流分不开，众多文化元素都得以在槟榔盒上得到体现和运用。槟榔盒不仅凝结着民族长期以来积累的智慧和经验，还承载着民族历史神话与宗教信仰，表现了特有的民族审美情趣，多元文化在这小小槟榔盒上完美交汇融合。

其次，灵活多变、不拘一格，浓郁地域色彩和生活气息中透出勃勃生机，是云南少数民族槟榔盒的重要艺术特征，无论是装饰风格、审美意识，还是制作工艺，都充分体现了这一特征。选材不拘一格，形制自由变化，纹饰多样，但总体来说其风格一是古朴粗犷，一是繁缛精致。在布局严谨、构图奇巧的基础上，纹饰的组合多是随心所欲，没有太多的教条和框框，如盒盖装饰，通常以一种纹样为中心向外拓展，呈放射状或环轴套合状，每一层能明显分出层次，虽然布局有一定规律，但纹饰的组合却是随意性和创造性的。那些主要或者纯粹从装饰效果出发的、没有特定意义的点、线、块、格、圆等几何图纹符形，既是受到认可的民族性的纹饰，也是制作者自由发挥的结果。浓郁的地域特色和生活气息，在写实与抽象相结合的创作原则中得以体现。少数民族的审美十分注重写实，绝大多数纹样都取自于自然或者现实，并在其基础上进行了演变、推移和扩展。热带雨林中的动植物、图腾传说和佛教故事，如象纹、莲纹、鱼纹、虾纹、螃蟹纹、孔雀纹、狮纹、马纹等，都呈现出一种原始的自然美和创造美。这些现实与抽象结合的纹饰，都是经过时间的考验，深受人们的喜爱、受到认可的民族性的传承，蕴含着强烈的民族历史文化传统和生活积淀。对于少数民族而言，在过去，生存是第一位的，在与大自然的斗争中延续自己族群的繁衍、传承本民族的历史文化是十分不易的，追求生存繁衍和幸福安昌就是他们最大的追求。因此，对于大自然的敬畏，对于人与自然和谐相处，他们有着自己的理解并一代代传承下来。在对自然环境和动植物的写实记录中，那种勃勃生机是其最与众不同的精神内核，也是所谓民族风情的一种展露。

最后，槟榔盒在云南的制作和使用历史十分久远，传统槟榔盒已经形成了独特的审美体系和制作流程，髹漆、锤鍱、花丝、焊接、錾花等工艺被灵活运用在其中。视觉效果讲究对比协调、虚实协调。色彩的运用，每个民族都有自己的理解和偏爱，多见黑、白、黄、红等纯色。在制作银槟榔盒时，利用不同形状的錾头和錾刀，在已成型的器物上錾出或圆润或细腻的纹样，产生丰富的层次感和展现银器光影斑斓的效果；錾刻的线条圆润饱满，排列均匀整齐，讲究对称，形象起位恰当，画面饱满，加上夸张的动作神态，视觉冲击力较强；写实风格的动植物纹，线条流畅而舒展，风格轻松而活泼，给人以富丽堂皇的感觉，表现了亲近自然的追求；而抽象的几何纹则是细致而有韵律感，布局讲究对称，以线或纹样的重复来增加层次感和节奏感。

由于槟榔盒是目前人们生活中仍在制作和使用的器具，因此是一种常见的器物类型。但是艺术水准很高的传统槟榔盒（使用传统工艺和纹饰的槟榔盒），尤其是20世纪50年代以前的槟榔盒并不多见。一方面，水平较高的槟榔盒制作不易，大多被上层垄断，在当时也算得上是一种奢侈品，数量有限；另一方面，世事变迁，能够留存至今，也是十分珍贵的。正是槟榔盒浓郁的地域文化色彩为我们判断其产地、年代提供了重要依据。近年来，槟榔盒的制作被列入少数民族文化遗产，因此一批富于时代特色和审美情趣、采用了新工艺的槟榔盒也被创作出来，其艺术水平参差不齐。但在目前，对于槟榔盒的认识还处于比较粗放的阶段中，以新冒旧还不多见，传统槟榔盒固然珍贵，然只要做工上乘、创意独特，现代槟榔盒也是收藏佳品。

昔日只能在少数人手中才得以使用的精美艺术品，并未随着时间的流逝而消失，却因其丰富的民族历史文化内涵和审美价值，开始受到了更多的关注和喜爱。不仅如此，作为非物质文化传承的一部分，人们开始对它的内涵和发展传承进行积极探索，这对其研究和收藏十分有益。

信仰：造像、法器与供具

　　银作为佛教七宝之一，其颜色类白，因此也常用于制作造像、法器与供具。历史上使用金、银等贵金属制作佛教造像的记载始见于南北朝时期，因其材质贵重，多为帝王所定制，如《宋孝武皇帝造无量寿金像记》《宋明皇帝造丈四金像记》《皇帝造纯银像记（梁武帝）》等都有记载。伴随着佛教艺术的发展、金银制作技术的提高，银质造像的艺术水平不断提升，但数量始终有限。造成这一现象的原因，主要由于材质贵重难以量产，且容易因材质被破坏，加之银在制作塑像时的可塑性及表现力比金、铜稍差，因此银质造像存世较少。银质造像通常尺寸不大，易于携带，工艺尤为精美。造像是艺术化的、教化众生的方式，每尊古代造像，都是古人对佛的崇敬，凝结着供养人与工匠的虔诚与功德。凡供养诸佛、庄严道场、修正佛法的资具，即为法器。每件法器，由僧人修道供养，书写着严谨的仪轨或用以庄严佛坛。供具，即专门祭祀、奉养佛和佛的眷属的供器与供物。伴随佛教艺术和金银制作工艺的发展，法器与供具也诞生了众多艺术珍品。法器必须严格按照仪轨来制作，不仅单独使用银来制作，还多与其他材质搭配制作而成。供具相比法器而言，形制和种类更为丰富，装饰性更强。

　　云南地处中南半岛与中国内地的交汇带，自古以来就是民族迁徙和交流的通道。历史上，各种宗教与云南多种民族、多种社会形态、多种文化相融合，在不同的地区与当地族群相结合，形成了不同的宗教文化。大理白族自治州主要流传阿吒力教，迪庆藏族自治州主要流传藏传佛教，西双版纳傣族自治州、德宏傣族景颇族自治州、普洱市、临沧市等地区主要流传南传上座部佛教。云南少数民族地区银矿资源丰富，金银加工工艺日益成熟，佛教在云南的流传过程中，遗留下大量使用银来制作的造像、法器、供具。

　　跨越热带、温带、寒温带，从雨林、坝子到雪山，跨越地域、跨越民族，佛教在云南这块神奇的土地上留下众多艺术珍品，遗留至今的造像、法器与供具，凝结了属于逝去时光的传奇。无论是造像、法器还是供具，它们是宗教用品，更是艺术品。它们不仅是信仰的媒介，更是信仰与审美的结合，是宗教与艺术的结合。当我们在欣赏、认识它们的时候，可以了解其背后的文化与历史，感受穿越时空的情感及蕴含其中的信仰力量。

第一节 形神俱妙

　　云南雕塑历史源远流长，战国、西汉时期的滇国青铜器就涌现了一批具有较高铸造水平的贮贝器、扣饰等器物，称得上是云南雕塑的萌芽。唐宋时期的云南雕塑无论是在空间上还是在造型艺术上都达到相当高的艺术水平，佛教造像就是其中最具代表性的作品。这一时期的云南佛教造像，既有古印度遗风，又有西藏和东南亚风格，更多可见中原佛教造像的影响，风格多样但又独具云南特色。佛教造像分类复杂，不同分类标准下的分类结果大不相同，主要可以从题材内容（佛、菩萨、明王、罗汉、天龙八部、高僧等）、物质载体（金、银、铜、铁、玉、石、泥、漆、砖、蜡、木、绢等）、制作工艺（雕、塑、绣、镀金、贴金、锤鍱、夹纻、织珠等）、风格（地域、时代）、外在建筑形式（碑、塔、龛、台等）、造像姿势（坐、卧、立）等方面进行分类。云南地区的佛教造像常常是多种风格并存，制作时既有经典依据，又常常以印度式样作为参考。在长期发展过程中，云南佛教造像的脸型、服饰、神态逐渐中国化、云南化，各个历史时期的造像体现了不同时期的信仰、审美与艺术水平。云南的佛教造像不仅在形象上本土化，材质上也入乡随俗，使用金、银、铜、铁铸造的佛像，随着铸造技术的进步而不断发展，细小者可便携于身，硕大者高达数丈。

一、南诏、大理国时期的造像

云南地近印度，毗邻东南亚，同时与吐蕃、唐接壤，因此南诏、大理国很容易受到各方的影响，密宗与显宗在大理都有传承与融合，共同构成大理地区独特的佛教传统，造就了这一时期云南佛教艺术灿烂绚丽的一页。南诏、大理国时期的佛教造像。从其发式、衣饰、手印、坐姿，都可以看到多元文化的交融。

大理三塔出土的塔藏文物，为我们了解南诏、大理国时期的社会文化提供了实物依据。1976年，清理大理崇圣寺三塔时，在塔顶、塔基发现了大批金银器，共680余件。这些金银器不仅有着不同的时代、地域风格，还体现出唐宋金银器的神韵。出土的文物中，有造像133尊，按质地分有金像7尊，银像15尊，鎏金铜像34尊，铜像65尊，铁像1尊，水晶像2尊，玉石像1尊，木雕像5尊，瓷像3尊。按题材分有佛、菩萨、天王、力士等几大类，其他有子弟像等[1]，囊括了佛像、菩萨像、佛的弟子和罗汉像、八部护法像等类别。除此之外，还出土了一些精美供具。这些精美的艺术品，是研究南诏、大理国佛教艺术与本土信仰的重要实物资料。这批造像体量普遍不大，但制作异常精美。它们是探索南诏、大理国历史文化的宝库，是了解南诏、大理国社会生活及其与周边地区交流的重要资料。

（一）佛陀造像

中国早期佛教造像主要模仿印度造像，唐代以后风格逐渐成熟。南诏、大理国时期的云南佛教造像深受影响，有同于唐代造型的，也有同于宋代造型的，还有典型的大理本土造像。

大理千寻塔出土的佛陀造像，以大日如来、阿閦佛、阿弥陀佛等五方佛居多，这与密宗信仰在当时流行有着重要联系。密宗供奉的金刚界曼陀罗以五方佛为部主，"即结智拳印的大日如来，结降魔印的阿閦佛，结禅定印的阿弥陀佛，结与愿印的宝

◆ 宋·大理国　银大日如来坐像

1979 年大理崇圣寺千寻塔出土。通高 8.6 厘米。佛陀双耳垂肩，双手结智拳印于胸前，结跏趺坐

---

[1] 云南省文物工作队：《大理崇圣寺三塔的实测与清理》，载《考古学报》1981 年第2期，第246—278页。

◆ 银大日如来坐像侧面
坐像正面左胸及左臂铸阳文"奉为高祥造"

◆ 银大日如来坐像背面
坐像身后阴刻铭文"奉为高祥造"字样。据《元世祖平云南碑》记载，高祥为大理国末年重臣，忽必烈率军大理时，高祥退入城中固守，后在姚州（今云南姚安）兵败被擒，在大理被杀

◆ 宋·大理国 银鎏金大日如来坐像
1979 年大理崇圣寺千寻塔出土。通
高 8.4 厘米

◆ 宋·大理国　银鎏金大日如来坐像背面

生佛，结施无畏印的不空成就佛"[1]，依次分别为中央大日如来佛、东方阿閦佛、南方宝生佛、西方阿弥陀佛、北方不空成就佛。大日如来为密宗金刚界五方如来之首，是佛教密宗供奉最高神格的主尊，因此出土的大日如来造像数量较多，材料贵重，以金、银、银鎏金坐像为主，造像精美，风格既受中原地区的影响，如躯体丰满匀称，比例舒适，身着通肩大衣或袒右肩大衣，但也有独特样式所在，如造像上戴有风格独特的耳饰、项饰和臂钏。

① 云南省博物馆：《佛国遗珍：南诏大理国的佛陀世界》，云南民族出版社2008年版，第47页。

从南诏、大理国出土或传世的造像来看，这一时期的佛陀造像，充分展示了南诏、大理国佛教艺术在雕塑造像上的最高成就。佛像端正温肃，造型准确，雕刻手法简洁凝练。坐佛造像顶结波髻，饰有髻珠，手印常见智拳印，也见有弥陀定印、说法印等；结跏趺坐，裸一足或双足，袈裟轻柔贴体，衣褶细密；造型较内地更趋秀美。工艺上使用了多种技法，包括铸造、锤、焊接、錾刻等，工艺精湛，形象生动，反映出西南地区这一时期雕塑及铸造工艺的较高水平。既有"高鼻深目的西域人，有圆脸并具有双下颌的唐代中原人，也有鼻凸眼突、下颌尖的西藏佛教造像，也有类似于本地白族脸型的观音造像"[1]，充分说明了佛教在南诏、大理国时期的多途径传入以及各教派互相渗透、融合发展的历史过程。

可以说，佛教造像不仅是南诏、大理国佛教传播的见证，更是认识南诏、大理国的历史文化的重要途径。

---

[1] 萧明华：《从两尊观音造像看唐宋南诏大理国的佛教》，载《四川文物》1993年第3期，第49页。

◆ 宋·大理国　银阿閦佛坐像

高6.2厘米。云南省考古研究所藏。扫描自《佛国遗珍：南诏大理国的佛陀世界》

◆ 宋　银佛坐像

◆ 宋　银说法坐像
云南省考古所藏。扫描自《佛国遗珍：
南诏大理国的佛陀世界》

◆ 宋·大理国　银阿弥陀佛坐像
高6厘米。云南省考古研究所藏。扫描自
《佛国遗珍：南诏大理国的佛陀世界》

（二）观音造像

目前发现的南诏、大理国时期观音造像种类丰富，主要有阿嵯耶观音、杨枝观音、甘露观音、持荷观音、四臂观音、水月观音等类型，其中阿嵯耶观音和杨枝观音数量较多、最具特色。

阿嵯耶观音为云南所仅见，目前全世界仅发现20余尊。大理国时期出土的阿嵯耶观音，从材质上来说，铜多金银少，常见铜漆红或铜漆金；从造型上来说，以立像为多，少见坐像；尺寸大小不一，既有如银背光金阿嵯耶观音立像的较大器型，也有可随身携带的银阿嵯耶观音坐像。

阿嵯耶观音造像大多为立像，少数为坐像。观音为男身相，束发高髻，髻中有化佛，两鬓结垂鬟，垂于两肩，分别为左11瓣、右10瓣。方圆形脸，眼睛微闭，鼻子直平，嘴唇厚实；体态修长，宽肩细腰，身躯扁平、挺立秀美，背部平坦而无琢饰；戴联珠纹项链，项链下方有一宽扁半圆形花纹装饰带，双臂佩戴三角形璎珞花纹臂钏，右手腕上有一串念珠，右手举于胸前大拇指捻食指，结妙音天印，左手手心向上，略曲置于臀部。上身裸露，下着带褶长裙，薄而贴体，两侧及中间有直线褶纹，两腿上有对称的U形褶子，褶纹均为阴刻线条，裙子下摆两侧向外伸展形成角状，裙子由一条腰带固定着，带子末端部分在腹前束成一个十字花形图案，上饰有一朵花，系一条装饰有圆形花纹的扁薄腰带，在腹部下方、两腿上方垂挂一条宽扁的腹带，腹带呈U形，上有两条阴刻线条；跣足，有的造像足下有方形榫头，便于插在底座上，有的造像带有舟形背光。在整体造型上，阿嵯耶观音像神情恬静，面露微笑，五官清丽，身材比例非常匀称俊秀，轮廓线条垂直简洁、十分流畅，衣纹线条简练有力，刚劲的线条与温和的

◆ 宋·大理国　银背
光金阿嵯耶观音立像
　　1979 年大理崇圣寺
千寻塔出土。像通高 26
厘米，背光高 29.5 厘米

◆ 宋·大理国
银阿嵯耶观音坐像
　　1979 年大理崇圣
寺千寻塔出土。通高
5.3 厘米。银质且为坐
姿的阿嵯耶观音造像
较为罕见

◆ 宋·大理国　银背光石雕水月观音坐像
1979 年大理崇圣寺千寻塔出土。通高 10.8 厘米

面部表情形成对照，产生刚柔并济的艺术效果，有独到之美[①]。

近年来学界对阿嵯耶观音的研究，不仅集中在对阿嵯耶观音造像年代、名称和形制上的考释，而是逐渐转变为对其观音信仰尤其是阿嵯耶观音信仰背后更深层次的原因的挖掘上。有学者认为，阿嵯耶观音的形象是“南诏大理国时期最为显著的王权象征符号”[②]。伴随着图像史的发展，人们也逐渐从艺术史的角度展开思考，对阿嵯耶观音造像的艺术形式与东南亚地区的联系展开思考，“其意义不仅在于揭示出南诏大理国造像艺术与东南亚佛教美术传统之间的文化混血现象”，更重要的是通过对阿嵯耶观音造像的考察，从而对南诏大理国的历史叙事进行再分析，将视线从“唐宋中心”转移到“南诏中心”，从大一统的中原王朝史观转移到族群本位的地域史观[③]。

除云南特有的阿嵯耶观音外，水月观音和杨枝观音也是发现较多的大理国时期观音造型。据张彦远《历代名画记》载，“周昉妙创‘水月观音’”。这种妙创之像出现后，水月观音的样式逐渐流行。水月观音的样式可分为二类：一类是以手抚膝、半跏趺作思维相；一类是手持杨枝和净瓶、半跏趺坐。水月观音受到盛唐开始流行的“如意轮”造型样式的启发，保留了菩萨半跏的坐势，而以手支颐的思维相，则变为以手抚膝、略微低头，形成更加舒展优美的思维势[④]。银背光石雕水月观音坐像最具特色的是背光使用银来制作，观音主体以汉白玉塑造，银的清冷与精致、汉白玉的温暖与朴拙，形成强烈对比的同时，塑造了清静安宁的观音形象。

① 傅云仙：《阿嵯耶观音造像研究》，南京艺术学院2005年博士论文，第8—9页。
② 安琪：《阿嵯耶观音图像与信仰：再谈南诏大理国的神话历史叙事》，载《云南社会科学》2016年第1期，第88页。
③ 安琪：《阿嵯耶观音图像与信仰：再谈南诏大理国的神话历史叙事》，载《云南社会科学》2016年第1期，第100页。
④ 李翎：《藏密救“六道”观音像的辨识——兼谈水月观音像的产生》，载《佛学研究》2004年，第276页。

观音有众多变化法身，杨枝观音即其中之一。传说杨枝观音可使煅炭化灰的历劫草木重新葱茏站立，春华秋实，颂真言时可祛病免灾，因此南诏、大理国时期的观音造像也多见杨枝观音。常见的杨枝观音发髻高耸，有舟形背光或头光，身材扭曲呈S形，左手持净瓶或净碗，右手持杨枝上扬，站立在覆斗形或凳形莲座上，与中原杨枝观音造像十分相似，如金背光银杨枝观音立像、银杨枝观音坐像等。

◆ 宋·大理国　金背光银杨枝观音立像
　　1979年大理崇圣寺千寻塔出土。通高30.6厘米。杨枝观音头戴宝冠，身呈曲线，披巾挂帛，左手托净水钵，右手持杨柳枝，金色背光与银色造像呈现强烈的对比效果

◆ 宋　银杨枝观音坐像

（三）护法神像

南诏、大理国出土的佛教造像，除佛陀与菩萨外，还有许多天王、明王等各类护法神像。明王、金翅鸟、大黑天、供养人、金刚力士、空行母等出土不多，但各具姿态，颇有特色。

1979年大理崇圣寺千寻塔出土的木雕莲花龛一佛二侍坐像，为大理国时期造像。主体为一莲花形木龛，龛前后有门。内藏像三尊。其一为金质释迦如来像，作说法状；其二为乌枢沙摩明王像；其三亦为一银质造像，三面六臂，头戴宝冠，结跏趺坐，当胸二手持柳枝、钵盂。其外为阿修罗，二手持金刚杆、大吉利印章，外侧二手持青铜镜。明王出土时位于释迦佛金像之右侧，阿修罗出土时位于释迦佛左侧。意即大日如来居于佛部中央统率诸佛菩萨，忿怒相的明王和阿修罗教化恶性众生。

◆ 宋　木雕莲花佛龛、一佛二侍坐像

大理地区自古多水患，金翅鸟又名大鹏金翅鸟，为佛教护法神中的"天龙八部"，传说能日食龙三千，能镇水患，因此云南的佛塔常常以金翅鸟为饰。因能慑服诸龙，消除水患，因此金翅鸟在大理被尊为保护神，用以祈求农业丰收、国泰民安。1979年大理崇圣寺千寻塔出土的大理国时期银鎏金镶珠金翅鸟是这一时期佛教造像艺术的经典之作，反映了大理国金银器制作的高超工艺。制作时分别锤出金翅鸟的头、翼、身、尾、足等各个部分，再錾刻出细部纹饰，将水晶珠穿系在尾部，最后焊接而成。

◆ 宋·大理国　银鎏金镶珠金翅鸟

大黑天是南诏、大理国常见的天神造像，除金属造像之外，摩崖石刻中也多见。大黑天是古印度传说中的战神，是大理阿吒力教广为信奉的神祇，又称摩诃迦罗，是密宗护法神，也是大理国最重要的护法神，常与毗沙门成对出现，甚至被白族奉为本主。但本主大黑天神，是白族对密宗经典记载的大黑天神加工改造后形成的白族本主系统的神，与密宗大日如来化身的大黑天神不能混为一谈。大黑天神一般为三头八臂、三头六臂、三头四臂、三眼，头饰牛头冠，以骷髅为璎珞，手脚绕有蛇，身青黑色，作忿怒相。

◆ 宋·大理国 银大黑天立像

立像头戴骷髅冠，面呈三眼愤怒相，腰部饰虎皮裙。四臂，所持物已失落

二、雨林梵音

　　南传上座部佛教信徒以尊奉释迦牟尼佛为中心，以其实践来指导个人修行，因此佛寺中只供奉主佛释迦牟尼的塑像。南传上座部佛教的造像与汉传佛教、藏传佛教有着明显不同。南传佛教早期造像通常是面呈卵圆型，双眉呈满弓形向下成曲线，头顶螺发高耸成尖顶似火焰，表情空法、面色冷漠，充分体现了14世纪平稳年代南传佛教艺术的崇高和禁欲主义的理想①。这种风格对南亚、东南亚地区的南传佛教造像产生了重要影响。尽管佛寺中只供奉释迦牟尼佛，但不同地区的造像风格差异较大，这主要是由南传佛教传入中国经历了多次、多途径的历程所决定的。云南南传佛教造像主要造型有：头顶螺髻或火焰髻，火焰髻意为佛头放出之光焰，面容慈祥，自然微笑，双耳垂肩，宽肩细腰，偏袒右肩但不表现出肌肉感，左臂披袈裟，或作立像，主要是受泰国素可泰王朝佛像的造像影响；少数头顶

◆　清　南传佛教铜冠银片涂金坐佛像
　　　勐海县文化馆藏

① 吴之清、杨杰、墨婧金：《试论南传佛教对云南傣族审美艺术的影响》，载《宗教学研究》2013年第3期，第110页。

为莲花苞状发髻，主要是受印度波罗王朝佛像影响，也被称为"清莱式样"；还有一种是头戴王冠，身着华丽服装，臂戴宝钏，胸挂璎珞，耳饰繁复，被称为"宝冠佛"，受缅甸风格影响。

佛教造像精确，需严格按照佛像仪轨造像，各派系都遵守"三十二相八十种好"的造像标准，即佛教按照印度古典美学的审美标准，综合古印度的种种人体美好之相，赋予佛陀美好的身姿体态。但在实际的造像操作中，并非一成不变，也会因为信徒不同的理解而有所取舍与表达。姚荷生在《水摆夷风土记》中提及对南传佛教造像的印象是"殿的中央有一方莲座，座上站着或坐着一尊如来佛或几尊其他的佛。佛像上装着金，再披上黄色的袈裟。头上戴一顶高塔形的帽子……不似汉人的佛像，满头是青色的螺髻……如来佛像的表情，我觉得和汉人的也不同。后者是慈祥，前者是温和恬静"。这样的气质，恰恰是傣族民族性格的真实写照。传统南传佛教造像使用的材质主要以泥、木、玉石、铜、银、骨角牙等为主，其中铜质造像多为外地输入，铜、银、骨角牙等材质贵重的造像尺寸大可盈尺，小不及寸，造像相对复杂；木雕佛像则用刀利落，造型简洁，流露出天真的稚气，整体给人感觉体态瘦削，"秀媚多于严肃，神性并未完全淹没人性"[①]。20世纪以后南传佛教造像使用的材质不断丰富，玻璃、花末、磷粉、瓷等不断涌现，佛像体态也逐渐由瘦削向丰满健壮变化，形体圆浑古朴，肌肉起伏较平。

传统中国南传佛教造像以坐佛像为主，其次是立佛。一般的立像通体修长，于静穆中流露出秀媚，处理手法简练，风格单纯朴实，宝冠佛风格的装饰较多，稍显夸张繁复。坐佛一般是坐在"亚"字形须弥座上，跏趺而坐手施触地印，即将脚放在相对的大腿上，足心向上，衣纹贴身。跏趺姿的基本动作为首、颈、身挺直，所施手印变化较多，一般手无持物，身无饰物，或饰物很少，朴素写实，常见的五大手印包括触地印（也称降魔印、成道印）、无畏印、说法印、禅定印和施愿印，其中以触地印最为常见。立佛站姿为全身直立状，手脚

---

① 李伟卿：《傣族佛寺中的造像艺术》，载《美术研究》1982年第2期，第69页。

变化差别虽小却各有含义，双手抬起掌心向外则表示"禁亲"，右手抬至肩部掌心向外，左手垂下为"拒权贵"；双手下垂，微向前移，掌心向外则表示"打开世界"，双手交叉于下腹，左脚抬置于右脚上是"踏脚迹"等。卧佛的姿态也十分多样。如掩耳姿，即左手抵住头部睡姿，右手曲放于右侧身体上；涅槃姿，即吉祥卧，朝右侧卧躺，累足而卧。眼睛有闭眼睡姿，也有睁眼睡姿。过去我国南传佛教卧佛较少，且卧佛以小型为主，大型卧佛主要出现在近年，这主要是由于经济条件的限制所造成的。南传佛教的造像一般是由信众赕佛给寺院，而塑造佛像时，要举行长时间的赕佛仪式，一般要大赕三年，除了塑像本身的费用之外，还要使用大量的钱财用于设宴庆贺，开支较大，因此过去经济困难的寨子所供养的佛寺就很少拥有大型造像。同时，根据佛教思想，南传佛教造像时佛像的腹腔要挂一副银片制作的五脏六腑，银片上刻有傣文，五脏六腑是为了显示佛像也是有生命的，银片上的傣文则说明佛像可以说话。

　　总之，每尊佛像从造型上就蕴含了深刻内涵，它们不仅是一个时代佛教造像的风格体现，更是各个时期东南亚南传佛教文化圈文化交流的写照。南传佛教常根据佛经故事及有关佛的传说，再结合傣族民俗风格及人们的审美习惯，塑造佛的形象，并通过塑像这种艺术表现出来，旨在宣扬佛教思想。……正是这些颇富表现力的艺术造像，使得信徒有了庄严、肃穆、不容亵渎的氛围，从而驱除身心的不洁与邪念，使人们在领略艺术美的同时，感受到佛教的神圣性，从而找到心灵的归属感[①]。

---

① 吴之清、杨杰、墨婧金：《试论南传佛教对云南傣族审美艺术的影响》，载《宗教学研究》2013年第3期，第110页。

（第三节） 法器庄严

法器在佛教中的运用广泛，取材多样，其中藏传佛教和南传佛教法器中有着大量以银为主体制作或装饰的法器。

一、藏传佛教法器

藏传佛教法器中，使用银来制作的主要涉及持验类、护身类、称赞类、供养类、劝导类等类别的诸多法器。

除念珠外，金刚杵、金刚铃、金刚橛、曼扎、本巴瓶等持验类法器，均可使用银来制作。制作金刚杵时通常使用金、银、铜、铁、香木等材质，形状有一股、三股、五股、九股之分；金刚橛使用铜、银、木、象牙等材质来制作；曼扎，亦称曼陀罗，是藏传佛教的坛场，通常用金、银、铜等金属制成，形制有圆有方，立体、平面雕刻或绘画而成；本巴瓶，分为净水瓶、沐浴瓶、金瓶等，其中净水瓶与沐浴瓶常见用铜或银制成；法轮，因其形似车轮而得名，形制多种多样，常见金、银、铜镶嵌各种宝石而成。

嘎乌、秘符等护身类法器，多见使用银、铜制作。嘎乌，一种微型佛龛，内置佛像、经卷、擦擦等，随时携带可祈佛保佑、辟邪护身。通常用银、铜制成，盒面雕饰十分精美，有的还镶嵌松石、珍珠、珊瑚等宝石。嘎乌造型多样、大小不一，佩戴亦极为讲究，男性一般要求斜挂于左腋与左臂之间，女性则用项链或丝绸戴于颈上挂于胸前，四品以上贵族则将嘎乌戴在发髻中作为官位的标识。

◆ 民国　银鎏金嘎乌盒

◆ 民国 藏传佛教包银骨号

骨号是称赞类法器，用动物或人的小腿胫骨做成，常在两头包饰镶松石、珊瑚等金银或铜箍镂花装饰品。供养类的香炉、灯台、幢幡、华盖、璎珞、花笼以及供养器盆、盘、钵、杯、碗等，专为供养之用，常常以银为主体或用银装饰。

嘛呢轮和转经筒是劝导类法器，也可使用银来制作。嘛呢轮，也称手摇嘛呢，多见金、银、铜皮制成，表面压制各种花纹图案，并刻有六字真言。内装有经卷，并装有可转动的轴，轴枢多以蚌壳做成，直到磨损坏才认为是功德圆满。转经筒，藏语称之为嘛呢廓罗，通常是以铜、木、银、金等材质制成，有轴上下贯通以供转动，主体呈圆柱形，筒身常饰有六字真言，或饰以吉祥八宝吉祥结、瑞兽、珍宝等图案，或点缀红珊瑚、绿松石。手摇转经筒的上筒盖中心位置常有

锥形的筒顶，筒身中间加一稍有重量的坠子，凭借惯性起到加速带动的作用，坠子由一链子相牵，固定于筒身。下筒盖中心有一孔，供下端带有把手的细铁柱贯通筒身、筒顶，筒身与把手相接处为轴枢，多为蚌壳、砗磲所制[1]。手摇转经筒是最方便携带的转经筒，属于移动式转经筒，兼具宗教法器和审美意象的双重意蕴，不仅展示了藏传佛教信徒信仰的虔诚，也揭示了他们如何在日常中化烦恼为菩提。

法螺为礼敬类法器，作为法器的海螺多为白色，海螺代表法音，通常在海螺上装饰有金、银等材质，华丽无比。海螺有左旋和右旋之分。所谓"旋"是指螺尖朝上时螺纹的旋转方向，螺纹顺时针方向称右旋螺，螺纹逆时针方向的纹称左

① 周珊珊：《藏传佛教转经筒之审美意蕴》，苏州大学2015年硕士论文，第14页。

◆ 民国　藏传佛教木柄银转经筒

◆ 清　藏传佛教法螺
　　银饰片上纹饰分两个部分：一部分饰莲花和莲叶，另一部分饰云龙纹、莲花纹以及乳丁纹。银饰片一侧边沿饰有大小不一的连珠纹，其余边沿錾刻有绳索样的纹饰，银饰片用铆钉装在海螺上

旋螺。右旋海螺是藏传佛教僧侣从事佛事活动、讲经说法时吹奏的法器。不装饰的法螺一般供奉于正殿，置青稞之上；而有装饰的法螺一般用于法事活动。据传在鹿野苑释迦牟尼初转法轮时，就开始以白色右旋海螺作为圆满吉祥的象征。

　　藏传佛教法器种类繁多，形制各异，每种法器都有不同的宗教内涵，并且有的法器有很多种用途，宗教的神秘色彩也得到充分体现。随着时空因缘的变迁，法器也随之不断产生变化，即便是同名或同一种类的法器，它的形制、材质、纹饰乃至色彩都会随着时代、宗教派别及传播区域的不同，产生非常大的差异。尽管藏传佛教中法门不同所用法器也有所别，但息灾法多用白色，因此常常可以见到以银为主体或以银装饰的法器，它们在不同时期被赋予了不同的功用，展现了藏传佛教的演变与发展。

二、南传佛教法器

人们到佛寺里拜佛、拜神都喜烧香、烧纸钱，但在信仰南传佛教的地区，人们是用鲜花、水果、素食等物来拜佛、拜神。日常的饭食供养、拜佛、点燃蜡条、滴水等活动，都离不开一些重要用具，如钵、盘、盒、壶、槟榔盒等，因此银钵、银盘、银壶等作为赕佛中的重要用具，是南传佛教中重要的法器。

供奉或点燃蜡条与滴水是傣族常用的沟通圣俗的方式。银盘多用于摆放赕佛的种种用品，如蜡条、实物等；塔盒、槟榔盒也是重要的赕佛用具，既可以直接赕佛，也可以装纳赕佛的用品。润派与摆奘派信众在重要的宗教仪式结束以后，往往要点燃蜡条，滴水祈祷，目的在于借助光亮、水滴联系佛祖和土地神，获得其佑护，达成某种宗教愿望。这同汉传佛教点燃信香是一样的宗教意义。西双版纳现藏最早的生活器皿是一件有傣文铭文的连珠蝉纹银钵，重228.5克，银钵底部刻文的译意是"傣历270年（五代十国开平二年，公元908年）5月15日银中600怀"，钵高8.9厘米，口径12.8厘米，底径7厘米，腹部有突出小连珠纹二道及三角纹和蝉纹，工艺较简单粗糙，装饰纹样古老朴素[①]。

钵除了供僧人托钵乞食之外，还可以作为滴水时候使用的器具。在举行滴水功德仪式时，净水壶和净水碗也是仪式中的必备器物。

南传佛教在传入中国后，不断与代表本土文化的原生性宗教逐渐交融。西双版纳的许多仪式中普遍地反映出南传佛教与原生性宗教在西双版纳地区互渗共存、并行不悖的状况。

---

① 罗廷振：《西双版纳佛塔的类型及其源流》，载《东南文化》1994年第6期，第82页。

◆ 清　傣族錾莲瓣纹银碗
西双版纳民族博物馆藏

◆ 清　傣族錾花银钵
西双版纳民族博物馆藏

◆ 清末民初 傣族錾花银高脚盘

◆ 民国 傣族錾花银钵

◆ 民国 傣族錾花十二棱银钵

◆ 清　傣族錾花银水壶
　勐海县文化馆藏

◆ 清 滴水银壶及银碗
西双版纳民族博物馆藏

西双版纳傣族自治州民族博物馆收藏的一件银质网状护身衣就是一件原生性宗教与南传佛教交融的实证。这件护身衣一套两件，内里是绘满佛教经咒和原始崇拜图案的白色布衣，除了符号之外还绘有一些人体图案，外面罩着一层代表原生性宗教产物的银质网状衣。制作银衣时先用长方形银片卷成中空筒状，用植物制成的线从中空处穿过并排列连接为衣服状。这种护身衣是专门提供给身份较高的武士来使用的，目的是为了能够刀枪不入。为了祈求平安，上面既有南传佛教的经咒，也有原生性宗教的图案，共同祈求"佛""神"的保护。可以说，这是南传佛教与原生性宗教的同场域、共时态交汇于同一宗教仪式中的实证。

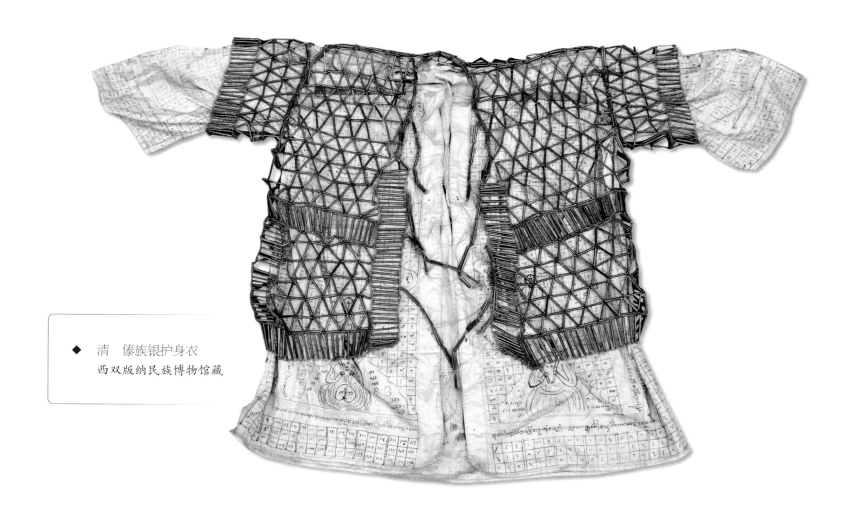

◆ 清　傣族银护身衣
　　西双版纳民族博物馆藏

◆ 宋·大理国 刻佛银饰片

　　1979年大理崇圣寺千寻塔出土。直径9.2厘米。佛像牌呈圆形，用阴线刻释迦牟尼佛结跏趺坐于莲花座上，双耳垂肩，身后有背光。佛牌两侧有圆孔，似为装饰系挂时使用

第三节 供具多姿

　　供具，是汉语中固有的词语，最初的意思大致是"备供酒食，具设食具食物"。《史记·范雎蔡泽列传》："范雎大供具，尽请诸侯吏，与坐堂上，食饮甚设。"《汉书·叙传上》："迎延满堂，日为供具。"这时，供和具都有"大事安排酒宴"的意思。佛教梵文Puja（其动词化为Pujana）翻译为供具后，赋予了其佛教的内涵，"供具"成为专门祭祀、奉养佛和佛的眷属的术语。佛教中的"供"和"具"既是动词也是名词，既指的是献供的行为，又指的是供物。使用银制作的器物，既可以作为供养的器皿，也可以作为修行佛法所必备的资用器具，广泛存在于僧团所受的供养或"法供养"中。

一、供养与供物

　　除造像外，南诏、大理国时期还出土了一批精彩绝伦的供具，主要有供养塔、塔模、饰片、银盒等，堪称这一时期云南佛教盛况的一个缩影。佛教供具主要分为两类：一类是专门供佛、菩萨用的香花、饮食、幡盖等，又称"供物"；一类是表示布施、持戒、忍辱、精进、禅定、智慧的花、涂香、烧香、饮食、灯明六种供物，称为"六种供具"，后延伸为"六种供具"使用的器皿，都可以称为供具。南诏、大理国时期，佛教盛行之极，举行盛大法会来进行供养，是当时极为流行的做法，因此，这一时期精美绝伦的艺术品就作为供养的器皿，被制作、使用，并留存至今，主要有鎏金錾花银盒、五色供养塔、银塔模、刻佛银饰片等。

◆ 宋·大理国　鎏金錾花银盒内装水晶珠

◆ 宋·大理国　鎏金錾花银盒
　　1979年大理崇圣寺千寻塔出土。直径4.3厘米。盒呈六瓣花形，满錾花纹。盒正面錾刻两只鸾鸟交颈立于莲花之上，口中各衔花枝；底面錾刻六角缠枝莲，中有一团花；盒身侧面亦錾有莲纹。出土时盒内装有水晶珠。这种形制的银盒是唐宋时期的典型器物，见证了大理国时期西南边疆与内地密切的经济文化交流

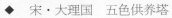

◆ 宋·大理国　五色供养塔

　　1979年大理崇圣寺千寻塔出土。造型古拙，为印度典型"窣堵坡"样式佛塔。相传释迦牟尼涅槃后，其舍利分藏在八座塔内，共分五层，由内至外分别由琥珀、金、银、铜鎏金、铁制成，分别象征五轮的种子。《尊胜佛顶修瑜伽法轨仪》中说："五轮即五智轮，五智便成五分身，五轮尽摄法界轮。"

◆ 宋·大理国 银塔模

　　1979 年大理崇圣寺千寻塔出土。密檐式佛塔是印度佛塔文化与中国古代楼阁式建筑结合的产物。铜座，塔身为鎏金银质，顶作亭阁式，四方塔门各铸一佛。底作莲花形须弥座，为铜质。塔内中空，内藏水晶珠数粒

二、圣俗之间的傣族银器

傣族银器从世俗的工艺品转而变为神圣的法器，需要通过一定的圣化仪式来实现。

和汉传佛教、藏传佛教的法器、供具有所不同的是，南传佛教所使用的大量物件实际上是僧俗共用的，在世俗生活中能见到的槟榔盒、银钵、银盒、记事银板等用具，也可以在南传佛教的宗教仪式中见到。其核心就在于通过一个圣化仪式，使银器从世俗用具转变为具有神圣意义的法器。

在佛塔和佛像的建造过程中，无论是开始时的祈福仪式还是竣工时的开光仪式，都是试图通过比丘僧团的集体诵经仪式，"将僧团与佛法的力量集中贯注在佛像或建筑当中，使之获得独立而持久的神圣力量，成为永恒的神圣象征"①。在这个过程中，无论是作为佛塔塔心或者佛像心脏出现的金银制作的器物，还是作为赕品出现的金银用具，都通过一定的仪式被赋予了神圣的力量和身份，或者直接供奉给新佛像及新佛塔，或者供奉给参加仪式的僧侣。

在创作或完成之初只是一件世俗物品的银器，通过举行相应的圣化仪式，实现了其身份由世俗向神圣的转换。这种转化通过两种方式得以实现：一是举行普通的赕佛，将物品直接赕奉给佛祖或僧团，使之成为神圣的佛教用品；一是拜请波章和僧侣举行相应的赕佛仪式，将物品赕供佛祖或僧团，转换物品的所有者，使之借助新主人的神圣身份而脱离世俗世界，获得全新的神圣

身份。赕佛仪式有长有短，一般包括三个基本步骤：诵经—告赕—祈福、滴水。1.诵经。首先由波章代表信众礼敬三宝，请僧侣主持仪式，接受信众供赕。僧侣应波章请求，为信众主持仪式，念诵相应的经文。2.告赕。僧侣向佛祖告赕，把信众的身份、所做仪式、所赕物品一一察告佛祖，请佛祖接受信众供赕。供赕人拜佛，请求佛祖接受供赕。3.祈福、滴水。僧侣代表佛祖和僧团接受赕品，为信众诵经祈福。信众礼赞三宝，诵经祈福。其中，润派、摆奘派信众还要举行滴水作为祈福的结束仪式。在整个仪式中，波章作为信众的代表，请求佛祖或僧团接受供赕。僧侣作为佛祖和僧团的代表通过传统仪式，念诵传统经典对信众的善行加以赞颂，并通过告赕请求佛祖接受信众的赕奉。最后，僧侣代表僧团为供赕人诵经祈福。作为回应，供赕人则要虔诚礼赞三宝，请求佛祖降福护佑。

总之，通过神圣的赕佛仪式，将世俗用具圣化，无论是僧侣还是信众都实现了施舍功德。世俗的银器艺术作品通过赕佛仪式，承载了神圣的宗教意蕴，获得新的神圣的身份，升格为神圣的佛教艺术品。

---

① 田玉玲：《供奉与表达——傣族南传佛教艺术与赕的关系解析》，云南大学2010年博士论文，第162页。

小结

　　艺术是宗教的形式，宗教是艺术的内容。可以说，佛教的造像、法器与供具，兼具宗教与审美的双重意蕴。作为宗教文化的载体，其本身就具备特定的宗教和文化象征内涵。佛教艺术最擅长象征和隐喻，具备一整套严谨的象征符号，造像、法器及供具中所使用的材料、形状、颜色都与某一宗教含义建立有稳定的对应关系。而在使用造像、法器、供具的同时，这些佛教艺术珍品也在人们进行宗教活动时，提供了一种艺术的审美体验。

　　不同时期、教派的造像与法器，隐含的是佛教及各个民族在历史长河中经历的繁华与没落，那些历史背后的故事、深厚的内涵和民族历史文化，在艺术中默默传递。

铭记：傣族金石文献

凡是"各民族在历史上遗留下来的用民族文字或具有一定文化内涵符号（文字雏形）书写或镂刻在金石器物上的各种文献都是少数民族金石载体文献"[①]。傣族金石文献，指的是傣族使用傣文、巴利文或其他文字，或具有一定文化内涵符号（文字雏形）书写或镂刻在金石器物上的铭文或图像。傣族主要生活在云南的西部与南部，大部分居住在西双版纳傣族自治州、德宏傣族景颇族自治州，以及普洱市的景谷、江城、孟连、澜沧，临沧市的耿马、双江、沧源，金沙江沿岸的华坪、大姚、禄劝，红河沿岸的元江、金平、元阳等地。由于傣族创制了自己的民族文字，因此留下了种类繁多、内容涉及极广的历史档案与文献。其中，贝叶经和金石是最重要的载体。贝叶经不只包含佛经及其相关典籍，还涉及了傣族社会历史文化与生活的方方面面，所使用的材质也不局限于贝叶，还有绵纸手抄本。贝叶经在傣文档案文献中存世量最大，影响深远，研究硕果累累。

傣族金石文献的数量不多但弥足珍贵，其中石质载体文献数量不多，而银质载体的文献遗存数量最多、价值最高。在傣族历史上，只有极为重要的、需要长期保留的内容才会使用金、银作为载体，刻画文字、图案加以记载。目前可以见到的这类金石文献多使用银为载体，金质载体的尚未见到实物。这些文献记录下众多属于民族的历史、文化与故事瞬间，既有艺术价值高、作为文字记录重要补充的符号与图像，也有极高史料价值的金石档案。金石档案作为中国最早的记事载体之一，历史悠久，使用寿命较长，记载的大多是第一手资料，有着极强的原始性，在研究历史、印证历史、考证史实中具有独特而不可替代的作用。加上金石档案多为原址保存，人们不仅可以通过其了解这个地区历史文化与金石档案的密切关系，还可以从中领略

---

① 乌古：《民族古籍学》，云南民族出版社1994年版，第8页。

到不同时代的艺术特点与价值。银片由于其材质贵重，在亚热带环境下易于长久保存，加之傣族地区附近有着丰富的银矿，金银制作工艺水平较高，因此银是傣族传统珍贵档案的常见载体，使用银刻画文字或图案来记事是傣族的传统记事方法。以银为载体的傣族金石文献，大部分以银片形式出现，少量出现在银器上。银片上刻画文字的文献一般称为记事银片或记事银板，刻画的文字既有傣文也有巴利文，间或杂以少量其他文字，以傣族土司及南传佛教金石文献为主，多见于西双版纳地区使用。土司金石文献以礼仪经济文书和符印为主，其中土司承袭文书只能使用银来制作，符印则以象牙、木、铜为主，少量为银，主要为传世品。南传佛教金石文献以塔铭、南传佛教僧侣晋升档案为主。

记事银片一般主要用来制作塔铭和档案文书，形制为细条长方形。南传佛教僧侣晋升档案还会专门加工成贝叶形，银片上刻画傣文或巴利文以记录重要的时间、地点、人物、事件，文字较多时会模仿贝叶经的制作先画线分区，再刻画文字。本书中所提及的傣族金石文献仅仅是搜寻到的有限实物及资料，还有更多的资料有待追寻。《傣族历史档案研究》中提及的"西双版纳州档案馆藏有和尚、佛爷在宗教方面的祝福语和召片领委任书的银箔"[1]，尚未有机会一睹真容，相关内容没有收录在内。

由于傣族金石文献对研究傣族的历史演变、社会形态、生活方式、语言文字、宗教信仰和科学文化等方面都有重要价值，但目前学界对其了解与研究有限，因此傣族金石文献称得上是一个有待发掘的尘封宝藏。除极高的历史价值与艺术价值外，傣族金石文献在一般档案具有的记事意义外，还深藏着"器藏于礼"的情怀。

[1] 华林：《傣族历史档案研究》，民族出版社2000年版，第315页。

第一节 傣族出土银器铭文

目前存世的傣族银器铭文在内容上主要涉及南传佛教及土司文书，其中出土银器铭文历史悠久、数量较多、价值较高，以南传佛教塔心处所藏塔铭及金银制品铭文为主，土司文书以传世为多。

南传佛教塔铭，也被称为"迦勒"（塔碑记），是傣族传统的建塔纪年物。南传佛教在西双版纳地区建塔时必须要在塔基下掩埋塔心，将舍利、佛像、金银、宝石、琉璃、金属货币及一个刻有建塔时间的银板或金板放在一个石函内，这个石函就是塔心。"石函内必置一金板（片）或银板（片），上刻建塔年月和经咒，同时也把一些金、银、琉璃、金属货币珍藏于塔内。"①塔铭即"刻有建塔时间与经咒的银板或金板"，偶尔也有使用铜板刻文作为塔铭使用。塔铭上除了文字外有时也会錾刻有佛寺、佛塔等建筑图案。除塔铭外，作为塔心的宝函内还常常放置金银制作的仪仗、建筑及动物模型等物件。《泐史》中曾经记载，1457年，三宝历代被推选为召片领，人们群聚佛寺，面对佛像、佛经、住持三个佛之代表者宣誓，并将誓词铭镌寺中，一部分贴金，一部分贴银，礼毕，大众遂各归本土安居②。可见，在南传佛教发展历史中，使用银片来记录档案及重要事件是可信的。但必须指出的是，银片上的文字也有可能"不是初建的原始记载，而是后来某个时期翻修或重建时根据人们的口传而记录藏进去的"。③

---

① 曹成章：《傣族社会研究》，云南人民出版社1988年版，第183页。
② 杨玠：《西双版纳的佛塔》，载王懿之、杨世光主编《贝叶文化论》，云南人民出版社2004年版，第483页。
③ 弘学主编：《佛学概论》，四川人民出版社1997年版，第121页。

◆ 清 都竜干塔出土塔形银片
勐海县文化馆藏

◆ 清 傣文塔铭
1986年打洛曼蚌塔出土。勐海县文化馆藏

一、傣族出土银器铭文概述

目前出土的傣族银器铭文主要有：

1. 公元5世纪景洪佛塔修建塔铭

1986年10月，景洪县嘎栋乡曼景栋村在重修庄列塔时，从塔基地宫出土了31件文物。庄列塔是西双版纳景洪著名的"九塔十二城"的第四座佛塔，传说九塔（塔诰庄）是佛祖果德玛到景洪传教时指点所建。"塔诰庄"是傣语，"塔"是佛塔，"诰"是9，"庄"是山顶上或者高处，"塔诰庄"就是围绕景洪坝子，建在山顶上的9座佛塔。庄列塔坐落在景栋山顶上，当时地宫中出土一件被称为"迦勒"（塔碑记）的记事银片，银片呈不规则长方形，长2.5厘米，宽1.9厘米，上刻傣文"布塔萨哈宁荪荪荪尚赕哩"，亦有翻译译音为"菩塔萨哈1000尚赕哩"，意思为"佛历1000年建献也"。佛历1000年正相当于公元457年，有学者认为这说明公元5世纪中叶，在景洪已开始建造佛塔①。

这是西双版纳地区建塔的最早实物铭文记载。所谓"萨哈"是傣语里面对历法的称呼。根据傣文文献及传说，傣族曾经出现过四个萨哈纪年。"菩塔萨哈"是佛历，是第二个萨哈，"菩塔萨哈"元年即佛历元年，即公元前543年。"珠腊萨哈"是第四个萨哈，即现行傣历，从公元643年开始实行。佛历在今天南传佛教文化圈内一直没有停止使用，延续至今。我们在南传佛教僧侣晋升记事银片

① 张公瑾：《南传上座部佛教传入中国傣族地区时间考》，载牟钟鉴主编《宗教与民族》（第二辑），宗教文化出版社2003年版，第182页。

◆ 景洪庄列塔银片铭文

◆ 景洪庄列塔出土塔铭银片
西双版纳民族博物馆藏

上也可以看到同样的纪年方法。

2. 公元6—8世纪勐海及景洪地区铭文

20世纪30年代，勐海总佛寺翻修时，大殿左中柱顶端出土了一块刻有傣文的银片，其文是："……总佛寺于祖腊历十三年（651年）破土动工，三十三年（671年）落成开光典礼，是闷于丙君主为首的全勐百姓布施兴建，为了护持佛法，祈求功德圆满。"有学者认为，祖腊历初期，西双版纳尚无傣文，显然银片不是初建的原始记载，而是后来某个时期翻修或重建时根据人们的口传而记录藏进去的①。也有学者认为仅根据银片上写的纪年来判断建寺时间和南传佛教的传入时间是没有"考虑到傣族地区社会文化各方面的具体情况"，银片上所说的傣历纪年是一个略写法，"就像将2002年简称为02年一样"②。

关于勐海总佛寺的建造时间，其他记录和文献中也有提及。20世纪40年代，勐海总佛寺发现大殿内柱子上写有傣文，后由主持康朗庄和都三甩等人抄录，内容大致是：瓦龙勐（总佛寺）于祖腊历十三年开始动工兴建，三十三年闷于丙为首大殿柱子镶金粉，盖上草顶正式落成③。这一记录可

以与之前所发现的记事银片相对照。除此之外，还可以参照傣文文献中的相关记载。勐海土司府收藏的《地方大事记》手抄本有如是记载："我勐海总佛寺于祖腊历三十三年完工，举行隆重开光法会时，特到景洪敬请总佛寺大僧正长老亲自前来主持法会。同年，勐海城子佛寺亦在达谢海建成。祖腊七十五年，达谢海寺迁至靠近城边的新寺，因同一城有两所佛寺，僧侣和信众常有争执，于祖腊一一三年，撤销新寺，合并到总佛寺来。……在蒲甘王朝的劫掠战争中，勐海总佛寺被毁。祖腊历三七五年（约公元1013年）全勐民众齐心合力，在原址重建砖木结构的瓦顶佛寺，扩大了范围，建立了布萨堂、两所藏经亭、两所鼓房、两院僧舍，随后又修建了两座寺塔。"④

在田野调查中，笔者并没有见到这一出土实物，仅在文献和访问中得知这一铭文的相关内容。如果能够对出土的记事银片实物进行准确鉴定与翻译，并与傣文文献中的记载进行对比，那么对勐海大佛寺的建造时间、傣文文字出现时间以及南传佛教传入时间的考察可能就更具参考价值。因未能看见实物，仅就其流传下的铭文与文献记载记录于此以供参考。

3. 公元9—10世纪铭文

西双版纳州文管所收藏有一件刻有傣泐铭文的连珠蝉纹银钵，底部铭文可译为"傣历270年（公

---

① 李弘学、吴正兴：《云南上座部佛教考察报告》，载《法音》1994年第7期，第5页。

② 姚珏、侯冲、韩丽霞：《云南佛教的历史及经典简述》，昆明佛学研究会编《佛教与云南文化论集》，云南民族出版社2006年版，第2页。

③ 云南西双版纳贝叶文化研究中心主编：《首届全国贝叶文化学术研讨会论文集（下）》，西双版纳州少数民族研究所出版，2001年4月，第622页。

④ 李弘学、吴正兴：《云南上座部佛教考察报告》，载《法音》1994年第7期，第5页。

元908年，五代开平二年）5月15日银重600怀"[1]。
这是西双版纳目前带有铭文的、时间最早的生活器
皿。银钵不仅是生活器皿，更是佛事活动中的重要
器具，在南传佛教滴水功德等仪式中均有使用。

　　1986年，勐海曼南嘎村重修佛寺时，出土了一
件塔铭银片，铭文为"祖拉萨哈334年"，即公元
972年。

4. 公元17—19世纪铭文

　　公元16世纪以后，发现的银器铭文数量也逐渐
增多。1982年打洛镇勐板村修路时在都竜干塔出土
了一批刻文银片，大小不一，最大的长31.6厘米，
宽4厘米，最小的长6.5厘米，宽4厘米。既有刻写傣
文，也有刻动物纹、佛寺建筑等，数量较多，约10
余件。1986年打洛曼蚌塔出土的银器，既有刻有傣
文铭文的铜冠银片坐像，也有刻文记事银片。

◆　清　都竜干塔出土刻龙纹银片
　　1982年打洛镇勐板村修路时都竜干塔出土。
勐海县文化馆藏

◆　清　都竜干塔出土动物纹银片
　　勐海县文化馆藏

---

[1] 罗廷振：《从出土文物看小乘佛教在西双版纳的传播》，载
　　《东南文化》1992年第4期，第30页。

◆ 清　铜冠银片坐佛像底座

　　1986 年自打洛曼蚌塔出土。底座上刻有铭文。
勐海县文化馆藏

◆ 清　都竜干塔出土刻马纹银片

　　1982 年打洛镇勐板村修路时都竜干塔出土。
勐海县文化馆藏

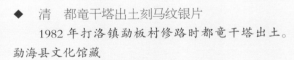

◆ 清　都竜干塔出土刻佛塔纹银片

　　1982 年打洛镇勐板村修路时都竜干塔出土。
勐海县文化馆藏

◆ 清　都竜干塔出土刻文银片
1982 年打洛镇勐板村修路时都竜干塔出土。勐海县文化馆藏

◆ 清　傣文记事银片
1982 年打洛镇勐板村修路时都竜干塔出土。勐海县文化馆藏

◆ 清　勐混曼环负担银片
　　西双版纳民族博物馆藏

◆ 装记事银片的漆制槟榔盒

5.塔铭外的历史档案

　　除了在南传佛教中大量使用之外，记事银片也是傣族历史档案的重要载体。记录重要历史事件，如土司承袭中的委任状，还有各勐、村寨缴纳贡赋的情况，也会使用记事银片来记录。中央民族大学收藏有佛海蒙混记事银片，上面的铭文就展示了记事银片的这类使用方式，铭文内容为"云南省佛海县蒙混区众官员百姓机构议事庭，有盒子三只，脸盆一个，腰带一条，手镯两双，耳环一对，硫黄两斤，刀子两把，头鸟两只，猴子一只，□□□□，孔雀尾翅一扎，熊一只，大维先达腊本生经一部"，铭文中无确切时间，初步判定为1926年以后[1]。记事银片通常卷成一卷，放在漆器或银制的槟榔盒内进行保存。通常这类记事银片都是作为传世品出现，极少为出土物。此次虽有收集到部分资料，但由于种种原因，未能展开深入收集资料、翻译内容，实为遗憾。

① 张公瑾、黄建明等主编：《民族古文献概览》，民族出版社1997年版，第280页。

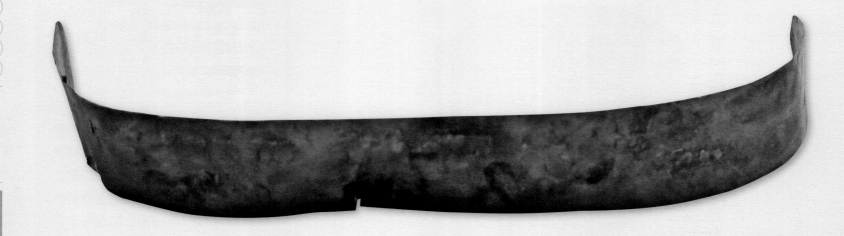

◆ 清　曼广龙寨负担银片
　　西双版纳民族博物馆藏

◆ 清　勐罕土司委任状记事银片

◆ 清　铜冠银片坐佛像

　　通高 10 厘米，底座宽 4.1 厘米。佛像由银片錾刻拼接而成，1986 年打洛出土，1989 年 12 月鉴定为傣历 1171 年供佛。勐海县文化馆藏

二、傣族出土银器铭文的价值与解读

　　傣族出土银器铭文以傣族地区南传佛教佛塔塔心所藏记事银片铭文的数量最多，价值最高。因此对这一类记事银片的思考，也可以管窥傣族银器铭文的特点、价值与解读。

（一）特点与价值

　　南传佛教塔心所藏记事银片虽也称为塔铭，但与中原内地塔铭又有诸多不同之处。首先，从内容上来说，一般意义的塔铭被认为是释氏志幽的文字，是一种有着固定文体结构、表达当时佛教文化特色的文体。中原地区汉传佛教的佛塔多为高僧丧葬而建，因此塔铭文字多有关僧徒一生经历，其中也会涉及一些历史事件，人们可以借此印证文献的记载。南传佛教的佛塔被视为佛祖的化身，塔心内记事银片上大多是记录建塔的时间和一些祈福经咒，侧面可以印证当时的历史事件和南传佛教的发展情况。其次，从材质上来说，内地出土塔铭以石材为主，傣族则多使用银作为载体，因此傣族塔铭尺寸较小、文字较为简洁，内地塔铭则文字较多，文体结构为包含"序""铭"的完整模式。最后，大多内地碑铭是放置于塔边的地面上，南传佛教的塔铭则放置于塔基下面的石函内。

　　南传佛教的塔铭也经历了一个发展变化的过程，从最早出土最简单的纪年发展为纪年、经咒、佛塔、佛寺图案的组合，人们可以通过铭文上的时间对照文献，从而思考南传佛教的传入及发展，甚至可以成为缺乏文献时的重要参考物。学界对南传佛教传入中国的时间与路线，提法众多，尚无定论。根据 20 世纪以来新发现的傣族金石铭文尤其是在记事银片塔铭的解读基础上，张公瑾先生认为："公元 5 世纪上座部佛教已传入西双版纳，6 世纪是艰苦的经营期，7—8 世纪则是佛教在傣族地区扎根和发展的时期。"[1] 罗廷振认为，上座部佛教传入西双版纳的时间最迟不晚于公元 5 世纪，公元 6 世纪和公元 7 世纪是逐步深入发展时期，公元 8

① 张公瑾：《南传上座部佛教传入中国傣族地区时间考》，载牟钟鉴主编《宗教与民族》（第二辑），宗教文化出版社 2003 年版，第 182 页。

世纪时，西双版纳已经到处是佛寺和佛塔，上座部佛教已经传播较广。

除了塔铭之外，在塔心处常常在宝函内放置舍利、金银宝石及仪仗等，人们可以通过对与塔铭同时出土物件的时代风格进行综合判断，来考证塔铭记录的时间。1986年10月，景洪重修庄列塔时从塔基地宫出土了西双版纳地区建塔的最早实物铭文记事银片，还出土了"石函一件，表面无饰的银槟榔盒一件，银石灰盒一件，另外还有银质佛寺仪仗模型若干"。景洪地区的"塔邦热"塔在傣文经书《坦兰姐萨罕帕宛》中记载的创建人和建筑时间，是由召勐名素坦玛拉扎为首，腊塔巴扎纳拉于祖腊历（傣历）146年（唐兴元元年，公元754年）6月白分初四建造。1989年重建"塔邦热"塔清理塔基时发现地宫，出土了多件文物，其中"有圆形馒头状的石函和银盒，另外还有铜佛像、金质宝石盒、银制宗教仪仗及多种质地的宝石、料珠等。石函和银盒的造型比较古朴原始，……银盒表面无纹饰，属傣族年代比较久远的早期金银工艺品，从工艺技术水平来看，是与塔邦热的建筑年代同一时期的生产品"。

（二）傣族金石文献解读的困难

尽管傣族金石文献具有极高价值，但目前对这方面资料的收集与解读，仍存在许多困难。首先，金石文献的资料可靠性如何把握与理解？我们既要充分利用、肯定其第一手材料的价值，又要通过对文本文献或其他参照物展开想象，从而对其史料价值加以判断与认知，谨慎地展开对图像及其符号的解读。其次，由于傣族金石文献涉及文字众多，包括傣泐文、巴利文，部分为泰文、缅文、老挝文，时间跨度长，翻译难度大，汉文文献稀缺，存在傣文及巴利文的语言屏障，在对铭文进行解读与翻译中，不仅要求有极高的语言能力，还要对地区历史、民族文化及南传佛教有一定程度的了解。最后，傣族金石文献本身存世量极为稀少，由于历史原因，多收藏在各地博物馆及相关机构中，难得一见，无法成为研究的资料，在资料的收集上存在很大难度。同时，除铭文外，符号图案与造型等多学科、跨领域的综合考察，也对解读其内容与价值起到积极作用。

总之，傣族金石文献是傣族地区重要的历史文化记录载体，包含铭文、符号图案、文物造型等类别，材质主要有金、银、铜等，其中银的使用最为普遍，主要存在造像、法器、供具、档案等类别中。它们不但具有档案原始记录的属性，而且有着突出重要的历史文化价值，属于珍贵文物的范畴，是傣族历史文化的真实佐证，对于我们了解云南少数民族历史文化具有重要价值。

傣族金石文献为我们今天探寻傣族及南传佛教的历史文化提供了一个新的视角。作为一种新鲜、可信的参考资料，对于打破研究僵局，提出观点鲜明、论据充分的见解，有着重要意义。作为一个尘封的宝藏，傣族金石文献在时光的静默中留待有缘人的走近与开启。

第二节 南传佛教僧侣晋升档案

除了塔铭及各类银器上的铭文、图案外，傣族金石文献有一类极为特殊、价值极高的文献，即南传佛教僧侣晋升档案。除了一般档案具有的记事意义外，僧侣晋升档案是傣族金石文献中"器藏于礼"的集中体现。

一、云南省博物馆藏南传佛教僧侣晋升档案

云南省博物馆收藏的南传上座部佛教僧侣晋升档案，十分完整，均为贝叶经形制的银片錾刻傣文、巴利文而成，内容几乎包含僧侣晋升的每个步骤。该档案以松列·阿嘎牟尼的晋升档案为主，一共6页，囊括其僧阶从都比到阿嘎牟尼的各个阶段档案。每页银片均为贝叶经形制，上刻傣文，两端有孔，可系绳，于晋升仪式中戴在前额，内容记述翔实，时间、地点、人物、时间均有涉及，极为珍贵。除有关松列·阿嘎牟尼的内容以外，还有一份1934年一名僧名英达翁的僧侣晋升沙弥（比库）的档案。在西双版纳地区，南传佛教必须正式举行仪式的僧阶有八级，僧阶不一定逐级晋升，也可越级提升，松列·阿嘎牟尼是最高僧阶。60多年前西双版纳总佛寺的高僧西利彭·祜巴勐是西双版纳佛教界最高级别的僧侣，新中国成立后，1956年由中国佛教协会会长喜饶嘉措主持仪式，为其晋升南传佛教僧阶的最高等级僧级——阿嘎牟尼。这是2016年2月再次举

行升座仪式以前，新中国南传上座部佛教唯一一位松列·阿嘎牟尼。这批档案的披露及研究，对我们进一步了解松列·阿嘎牟尼的生平，了解20世纪上半叶南传上座部佛教的僧团管理、晋升及其仪式有着重要意义。

松列·阿嘎牟尼（1899—1974），也被称为松列景洪，原名艾甩，佛名西利彭·祜巴勐，傣族，景洪宣慰街曼侬东人，西双版纳末代僧王。历任中国佛教协会副会长、云南佛教协会会长、西双版纳州佛教协会会长等职，是我国南传佛教近现代人物中的一位爱国高僧。1911年，在白象寺受沙弥戒，法名帕西利彭。1921年，受比丘戒，法名都西利彭，并由白象寺迁入宣慰街首席佛寺——哇龙佛寺。1934年，由于他在佛学上的较高造诣和广泛影响，车里宣慰使刀栋梁亲率议事庭及各勐土司，会聚西双版纳总佛寺内，晋升其为祜巴勐，负责管理整个西双版纳佛教，各地僧侣百姓纷纷前来祝贺赕佛，并赐予金质、银质头箍各一条，以示名望和权力[1]。1956年，因其具有深厚的佛学造诣和崇高声望，由中国佛教协会会长喜饶嘉措主持仪式，为其晋升最高等级僧级——阿嘎牟尼。西双版纳佛教界举行了盛大仪式来进行庆贺。1974年，阿嘎牟尼在西双版纳圆寂，享年75岁。

---

[1] 西双版纳傣族自治州民族宗教事务局编：《西双版纳傣族自治州民族宗教志》，云南民族出版社2006年版，第277页。

◆ 民国　傣历1285年，松列·阿嘎牟尼在西双版纳总佛寺受具足戒（升为都比）记事银片

ကပ္ပာယပဝိသုဒ္ဓိသီလဝၚႇရာယဖြဝါဇီဂုက္ကလက်ၚဝိသုဒ္ဓိဟိရိသမ္မဇေၚႇရာယပဝိၚေ

ယျေၚၚလ္လဘိမ္မာဘိက္ခုၚြပ္ပျသမ္မဖကမ္ဗျၚသေၚဘိစ ၚစ်ၚဘိက္ခုတုံ့ရဲ့ **သုဖဒ္ဓဘို**

ၚၚ်ၚယၚရဲၚြၚပ္ပျသမ္မဖကမ္ဗျ်ကုံၚပေ့ၚဘိက္ခုၚဘၚဝၚ်ၚ်ၚပေါ်ကျစ်ၚၚၚၚၚၚၚညြ့ၚၚမူၚဋ္ဌ

ၚည့ျ်ၚကျၚၚၚ်ၚၚသက္ကၚၚၚ၁ ၁၂ၚ၅ **သက္ကၚၚ်ၚၚလ္လ** ၚၚ့ၚ ၈ ၚ့ ၄ၚ့ၚ ၄

ၚၚ၂ ကၚၚဟ့ၚ ၚၚ္ကျၚၚၚ၄ ၂၉ တုံ ၚုၚိၚသၚသုံ၁ၚ္ဘုစ်ၚယၚၚၚကျၚၚ်ၚယ္ကုံ၁ၚ့

၂၂၆၆ ၚဝၚၚၚၚယၚ၅ၚၚၚတုံ၁ၚၚ္ဖ္ျ၁ၚစ်ၚ်ၚ၁ၚၚ်ၚ့ၚ်ၚလ္လ။

◆ 民国　傣历1298年7月15日，松列·阿嘎牟尼从都比升为玛哈厅（祜巴）记事银片

ဝိဝိဓဝိသုဒ္ဓိသီလာဝຊാသမ္ယ္ยေဇꩡကနဝိသိခဝုꩡꩡာꩡိꩳိꩥသမ္ယ္ยေꩳယာꩳသാဝ
ꩬാမုဟാꩳေꩬാမုဟာꩳാꩳꩬသꩪꩪꩳꩥ꩝꩝ꩳꩳꩳꩬꩳꩳꩳꩬꩳꩠ꩝꩝ꩳꩳ꩜ꩬꩳꩂ ꩅꩠꩰ꩜ꩤꩳ
ꩬꩬꩳꩬꩳꩬꩳꩳꩳꩳ ꩥ ꩝꩝ꩥ ꩛ ꩬꩳꩬꩬꩳꩳ꩝꩝ꩳꩳꩳꩬ꩝꩝ꩳꩬꩳꩤꩳꩳꩳꩬꩳꩬꩬꩳꩳꩳꩬꩳꩳ
မုဟာဂုꩬꩬꩬꩴဝိꩳꩵ ꩬꩳꩬꩬꩳꩬꩳꩬꩳ꩝꩝ꩬꩳꩬꩳꩳꩬꩬꩳꩳꩳꩬꩳꩳꩬꩳꩳꩳꩬꩳ꩝꩝ꩳꩬꩳꩳꩳꩳ
ꩳꩳꩬ**꩝꩝ꩳꩵꩬꩳ** **ꩥꩳ꩝꩝ꩬꩳꩬꩳꩬꩳꩳꩳꩬꩳꩬꩳ** ꩬꩳꩬꩬꩳꩳꩬꩬꩳꩳꩳꩬ ꩥꩠꩠꩠ ꩳꩳꩳꩳ
ꩳꩳꩳꩬꩳꩬꩳꩬꩳꩳꩬꩬꩳ꩜ ꩳꩬꩬꩳꩳꩳꩬꩳ ꩥꩥꩥꩥ **ꩳꩬꩬꩬꩴꩳꩵꩬꩳ** ꩳꩳꩵꩳꩳꩳ ꩥ
ꩳꩳꩳꩬꩳꩵ ꩥ ꩥꩥꩥ ꩝꩝ꩳꩳꩥ꩜ ꩳ꩝꩝ꩳꩬꩳꩵꩥꩥ ꩥꩲ ꩳꩳ ꩬꩳꩬꩳꩳꩳꩬꩳꩳꩳꩬꩳꩬꩳꩳꩳꩬꩳꩳꩬꩳꩵꩳꩳꩵ
ꩬ꩝꩝ꩳꩬꩬꩳꩴꩵꩬꩳ **꩘꩙꩐ꩠ** ꩳꩳꩳꩳ ꩬꩳꩬꩳꩬꩳꩳꩳꩳꩬꩳ꩝꩝ꩳꩳꩵꩬꩳꩵꩳꩳꩳꩬꩳꩵꩵ
ꩳꩳꩵꩬꩳꩵ ꩳꩳꩳꩥꩬ꩝꩝ꩳꩬꩬꩳꩳꩳꩬꩳꩬꩳꩳꩳꩬꩳꩳꩵꩳꩳꩬꩳꩵ **ꩯꩯ꩐** ꩳꩳꩳꩳ ꩬꩳꩳꩬꩳꩳꩳ
ꩳꩳꩵꩬꩳꩵꩳꩳ꩹

◆ 民国　傣历1298年，总领全勐佛寺的至尊祜巴英达、总管议事庭的尊敬的松列摩诃儒瓦拉、总管宫廷外事的尊敬的摩诃拉扎沙塔及西双版纳各勐召勐，恭迎祜巴西利彭（尖达彭）晋升为玛萨米西利彭记事银片

ᨸᩁᨾᩅᩥᩈᩥᨭᩛᨡᨲ᩠ᨲᩥᨿᨷᩩᨬ᩠ᨬᩈᨾ᩠ᨽᩣᩁᨸᩁᨾᩣᨿᩅᨯ᩠ᨰᨶᨲᩦᨾᩥᨲ᩠ᨲᨷ

ᨵᩁᩁᨲ᩠ᨲᨶᨷᩮᩣᨵᩣ ᨾᩉᩣᩈᩣᨾᩥᨾᩉᩣᩈᨾᨱᩈᨴ᩠ᨵᩥᩉᩫ᩠ᩅᨾᩮᩬᨦᨾᩉᩣ

ᨣᩩᩁᩪᨷᩣᨲᩢ᩠ᨦᨻᩥᨦᨩᩮᩢᩣᨸᩯ᩠ᨶᨩᩣ ᨩᩮᩢᩣᩉᩫ᩠ᩅᨡᩤ᩠ᨾᩉᩣᩁᩤᨩᨴ᩠ᨵᩣᩃᩁᩃᩉᩴ

ᨾᩉᩣᩁᩣᨩᩈᨴ᩠ᨵᩥᨦᨣᩣᨶᨦᩉᩱ᩶ᩈᩦᨴᩮᩅᨾᩉᩣᨿᩩᩅᩁᩣᨩᩣᨩᩮᩢᩣᨸᩯ᩠ᨶᨩᩣ

ᨩᩮᩢᩣᨧᨿᨾᩮᩬᩥᨦ ᩉᩨ᩶ᩈᩯ᩠ᨦᨩᩮᩢᩣᩉᩫ᩠ᩅᨾᩮᩬᨦᩃ 1-3 ᨶᩣ 6-4 ᩃᨩᩮᩢᩣᩉᩫ᩠ᩅ

ᨾᩮᩬᨦᩈᩥ᩠ᨷᩈᩬᨦᨻᩢ᩠ᨶᨶᩣ ᨷᩕᨾᩢ᩠ᨠᩢᨿᨠᩣᨿᩩᨣᩩᩁᩪᨷᩣ **ᨧᨶ᩠ᨴᨷᩜ᩠ᨬᩈᩣᨾᩥ** ᨦᩢᨣᩦᨷᩩᨲᩁᩣᨲᩢ᩠ᨦ

ᩈᩣᩈᨶᩣ 5000 -5000 ᩅᩔᩣ ᨦᩢᨶᩮᩥ᩠ᨦᩈᨠᩁᩣᨩᨦᩢᩉᩬᩣᨿᩢ᩠ᨦᨦᩢ

2520 -2520 ᩅᩔᩣ **ᩈᨠ᩠ᨠᩁᩣᨩᩃ᩠ᩃ** ᩃᨷᩕᨾᩢ᩠ᨠᩢᨿᨠᩣᨿᩩᨷᩦᨶᩥᨦ

ᨿᩣᨾᨷᩣᨠᨶᩥ ᩅᩮᩃᩣ 12.00 ᨠᩫ᩠ᨦᨶᩥ

◆ 现代 傣历1318年1月2日，松列·阿嘎牟尼在佛教协会、僧众和信众的见证下，从祐巴升为桑卡拉扎记事银片

ပᴀᴍᵤᴏ်ᴊᴛ္ဌိသ်ᴵᴸᴀᴄᴀᴀᴀ္ᴍᵤᴈᴏ္ᴀᴀᴏ်ᴀᴏ်ᴊ္ᴨᵤ္ᴋᴀᴀᴀᴀᴀᴃᵤᴛᴃᴇᴏᵤᴀᴃᴏ်ᴀ
ᴊᵤᴀᴀᴀᴃᴃᴛᵤᴍᴛᴃᴏ်ᴀ်ᴃᴏ်ᴊ္ᴃᴏᴀᴍᵤᴏᴃᴏ်ᴏᴀᴀᴃᵤᴀᴀᴀᴏ်ᴀᴀᴀᴀᴏᴀᵤᴀ
ᴀᴍᵤᴀᴀᴛ္ᴊ

ᴛᴃᴀᴄᴀᴀᴀ္ᴊ္ᴛᴀᴃ္ᴃᴄᴀᴃᴃᴀᴃᴇᴋᴃᴋᴃᴊᴃᴇᴀ်ᴀᴄᴀᴛᴀᴊᴃᴇᴄᴄᴄᴀᴃᴄᴄᴇᴃ
ᴇᴄᴀᴃᴄᴀ်ᴊᴀᴃᴊ္ᴊᴇᴃᴃ္ᴊᴊᴇᴀᴃᵤᴀᴄᴄᴀᴄᴃᴊᴃᴀ္ᴊᴃᴊ္ᴄᴃᴊᴇᴀᴀᴀᴃᴄᴃᴀᴇ
ᴀᵤᴃᴄᴀᴃᴄᴀᴀᴃᴇᴃᴇᴄᴀ္ᴃᴄᴄᴃᴀᴃᴃᴀᴀᴀᴇ္ᴀᴇᴄᴃᴃᴃᵤᴃᴇᴀᴀ္ᴃᴊᴄᴀᴇᴃᴀᴃ**ᴄᴄᴀᴁ**
ᴄᴇᴃᴛ္ᴃᴇᴇᴀᴄᴃᴀᴀᴀᴀᴄᴊᴀᴀᴀᴇᴃᴃᴄ္ᴊᴇᴀᴃᴄᴃᴇᴊ္ᴃᴀᴋᴃᵤᴇᴊᴇ

ᴄᴃᴇ ᴀᴀ ᴃ္ ᴄ ᴄᴃ ᴊᴃᴀᵤᴀ ᴄᴃᴄᴄ ᴄᴀᴀᴀ
ᴃᴇᴄᴀᴃᴄᴇ ᴀᴃ ᴄᴃᴄᴛᴀ်ᴀᴄᵤᴀᴀᴀ ᴃᴃ္ᴄᴄ။

◆ 现代 傣历1318年1月2日，松列·阿嘎牟尼在佛教协会、僧众和信众的见证下，从桑卡拉扎升为松列记事银片

သြိုႏ္ယြႝဝႏရာႏဒဂုႏ္ဃဝိဝိ္ၶဝိဝိ္ၜဠ်ၛႜ္ၜၩပၩရ္္ၮယ္ၜႜၮ္ၜဒွၟ္ဌသီလႜဝဒွႏရာႏဒ္ၮယ္ၜၩဇဝါမီတိဝိ္ကၟ္္ၡႛ္ၮၜအ္ၜၮၜ္

ၜယဝ္ၟတ္ၮ္ၜၛႜ္ၜႝ္ၝ္ၜပႏ္ၛၮၜ္ၜ္ၜ္ၜ္ၜ္ၜ္ၜဇ္ၜ္ၜတွၟပ္ၛၜ္ၜၮၜ္ၮ္ၜၜ္ၜၜ္ၜ္ၜၜ

ဒွႏ္ၟၜ္ၜႝ္ၝၛၟ္ၜ္ၜ္ၜဝါ္ၜ္ၜႛ္ၜၜ္ဘ္ၜ္ၜ္ၜ္ၜ္ၜ္ၜၜ္ၜ္ၜ္ၜၜ္ၜ္ၜ္ၜၜ္ၜ

ၜ္ၜ္ၜ္ၜၜ္ၜၜ္ၜ္ၜ္ၜၜ္ၜၜ္ၜ္ၜ္ၜ္ၜ္ၜၜ္ၜ္ၜ္ၜ္ၜၜ

ၜ္ၜ္ၜ္ၜ္ၜ္ၜ္ၜ္ၜ္ၜ္ၜ္ၜၜ္ၜ္ၜ္ၜ္ၜ္ၜ္ၜၜ

ၜ္ၜ္ၜ္ၜ **ၜ္ၜ္ၜ္ၜ္ၜ္ၜ္ၜ္ၜ** ၜ္ၜ္ၜ္ၜ္ၜ

ၜ္ၜ္ၜ္ၜ **ၜၜၜ** **ၜ္ၜ္ၜ္ၜ** ၜ္ၜ ၠ ၅ ၜ္ၜၠ ၅၂ ၜၜ

ၜ္ၜ္ၜ္ၜ္ၜ္ၜ္ၜ္ၜ္ၜ ၂၅၀၀ ၜ္ၜ္ၜ္ၜ္ၜ္ၜ္ၜ္ၜ္ၜ္ၜ္ၜ္ၜ ၂၅၀၀

ၜ္ၜ ၜ္ၜ္ၜ္ၜ ၁၆ ၜ္ၜ္ၜ္ၜ္ၜ္ၜ္ၜ

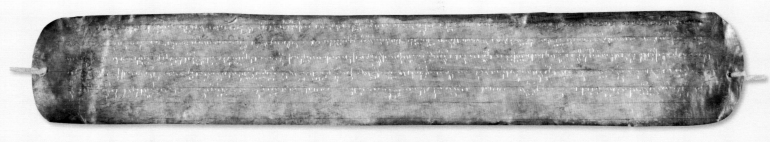

◆ 现代 傣历1318年1月2日，松列·阿嘎牟尼在佛教协会、僧众和信众的见证下，从松列升为松列·阿嘎牟尼记事银片

သြဲခွေႋပႃႋယုꩻဗုႏꩻမေႃꩻ၍ဗုႏꩻသꩫꩻဂ္ယ္ဝိꩻၜိꩻၜိꩻၾဲ့ပႃႋယုဝိႋသꩫꩻသိလႃႋဘုꩻၐﻻ ꩻယ္ၾဲ့ဖိ့ဲကꩻႃႋဝꩻႃꩻꩻၐ္ꩻꩻꩻꩻꩻꩻ သꩫꩻပꩻꩻꩻꩻꩻꩻꩻꩻꩻꩻ ပꩻꩫꩻꩻꩻꩻꩻꩻ ꩻꩻꩻꩻꩻꩻꩻꩻꩻꩻꩻꩻꩻꩻꩻꩻꩻꩻꩻꩻꩻꩻꩻꩻ ကꩻꩻꩻꩻꩻꩻꩻꩻꩻꩻꩻꩻꩻꩻꩻꩻꩻꩻꩻꩻꩻꩻꩻꩻ ဗုꩻမေꩻ၍က

ꩻꩻꩻꩻꩻꩻꩻꩻꩻꩻꩻꩻꩻꩻꩻꩻꩻꩻꩻꩻꩻꩻꩻꩻꩻꩻꩻꩻꩻꩻꩻꩻ ꩻꩻꩻꩻꩻꩻꩻꩻꩻꩻꩻꩻꩻꩻꩻꩻꩻꩻꩻꩻꩻ ꩻꩻ ꩻꩻ ꩻꩻ ꩻꩻꩻꩻꩻꩻ ꩻꩻꩻꩻꩻꩻꩻꩻ ꩻꩻꩻꩻꩻꩻꩻꩻꩻꩻꩻꩻ ꩻꩻ ꩻꩻꩻꩻꩻ**သြꩻꩻသꩻꩻꩻ** ꩻꩻꩻꩻ**သြꩻꩻꩻဗုꩻမေꩻ၍က** ꩻꩻꩻꩻꩻꩻꩻꩻ ꩻꩻꩻꩻꩻ ꩻꩻꩻꩻꩻ သꩻꩻꩻꩻꩻꩻꩻ **၁၃၁၁** ꩻꩻꩻꩻ ꩻ ꩻꩻꩻ ꩻꩻꩻꩻꩻ ꩻꩻꩻꩻꩻꩻ ꩻꩻꩻꩻꩻꩻꩻꩻꩻ ၂၅၀၀ ꩻꩻꩻꩻꩻꩻꩻꩻꩻꩻꩻꩻꩻ ၂၅၀၀ ꩻꩻꩻꩻꩻꩻ ၁၉ ꩻꩻ ꩻꩻꩻꩻꩻꩻꩻꩻꩻ။

松列·阿嘎牟尼的僧侣晋升记事银片一共6件，不仅真实记录了民国时期南传佛教的僧阶制度，还反映了一些重大历史事件，通过对这些记事银片的解读，我们得以对南传佛教僧阶制度有了更生动具体的认识。现根据银片实物，在南传佛教僧侣和相关学者的帮助下①，将其初步解读出来，以供参考。由于笔者的能力有限，目前的解读工作主要完成了铭文的辨析及傣文、巴利文的初步解读，错漏之处在所难免，仅供参考。汉语解读由于翻译难度较大，尚有多处有待推敲，待将来进一步整理。

二、松列·阿嘎牟尼僧侣晋升银片的价值

此次整理、翻译的南传佛教金石档案，是南传上座部佛教僧侣晋升记事银片档案，十分完整，极其珍贵。中国南传佛教根据僧人的年龄、洼节、学行，按照一定标准对僧侣进行层级划分，不同的层级即僧阶。僧阶是僧团内部以及世俗社会对于僧侣佛学修养、持戒修行的共同认可，僧阶层级及其划分标准、晋升仪式等共同构成僧阶制度。南传佛教的传统僧阶制度因地域及派别的不同而有所差异。西双版纳傣族地区润派的僧阶制度，根据年龄、洼节、学行划分为十级僧阶，也有八僧阶说。据说正式举行晋升仪式的一般为八个僧阶，即帕（和尚）、都（比丘）、祜巴、帕召祜、沙弥、僧伽罗阁、松列、松列·阿嘎牟尼。

---

① 巴利文及傣文文字主要由云南省佛教学院南传佛教僧侣帮助翻译（应其要求匿名），同时获得刀金平等学者的大力支持与帮助。

作为南传佛教的重要仪轨，学界对我国南传佛教僧阶制度已有一定研究成果，但还不够系统深入。这批来源清晰、有序的僧侣晋升记事银片，对于我们了解南传佛教的历史沿革有着重要现实意义。

首先，对于银片的名称与使用方法，有了进一步了解与确认。关于中国南传佛教僧阶制度及其晋升的最初记载，基本上开启于20世纪以后我国学者对西双版纳、德宏等地区开展民族学调查资料中，20世纪50年代开展的云南少数民族社会调查进一步丰富了相关内容，此后不断有学者从各个学科、各个视角进行了进一步补充与完善，但这些资料的来源主要是调查中的访谈与资料归纳总结，基本都是文字记述，而最原始的档案文书实物却没有得以进一步发现与发掘。《景洪地区佛教调查》中曾经提及"各级僧侣享受袈裟、金牌、银牌的数量如下：祜巴，布袈裟一套，缎袈裟一套，银牌一钱五，金牌（一个）一钱五；沙弥，布袈裟两套，缎袈裟两套，银牌（二个）两钱四，金牌（一个）二钱四；常卡拉乍，布袈裟三套，缎袈裟三套，银牌（三个）三钱三，金牌（一个）三钱三；帕召虎，布袈裟四套，缎袈裟四套，银牌（四个）四钱一，金牌（一个）四钱一；松领拉乍虎，布袈裟五套，缎袈裟五套，银牌（五个）六钱六，金牌（一个）六钱六；松领阿戛木里，布袈裟六套，缎袈裟六套，银牌（六个）六钱六，金牌（一个）六钱六。以上金牌和银牌上都刻有傣文，在僧侣晋升时戴在头上，其所需费用由各行政单位陇、火西以及各村寨群众负担"。可以看出，南传佛教不同僧阶僧侣享受的金牌和银牌的数量及重量是有所不同的。从祜巴这一层级开始被授予金牌和银牌，祜巴以上的层级都只享受一个金牌，区别在于层级越高，金牌的重量和银牌数量都有增加。这里所说的金牌笔者尚未见过，但这里提及的银牌就是云南省博物馆所藏僧侣晋升记事银片档案。

通过文献和实物的对照，我们可以看出，一方面，过去曾称呼其为头箍，主要是因为在晋升仪式时将之戴在头上。但从其主要功能来考虑的话，应当称呼其为南传佛教僧侣晋升记事银片更为恰当。一方面，记事银片的制作，是对于僧侣修行生涯重要时刻的见证；另一方面，使用银这样可以保存较久的材质来记录下重要事件和内容，对于佛教而言，有着更深层次的理由，便于"供后人祭赕，让人们，佛们经常祭赕于此"[1]。

关于记事金片、银片（也被记录为金牌、银牌）在僧侣晋升时如何使用，以及上面所刻画铭文涉及的内容，在20世纪五六十年代的西双版纳民族调查中，也有相关记载。晋升祜巴时，"从佛寺中将新祜巴抬出，送入'贺勒'由召片领、四卡真、八卡真、祜巴等，依次以海螺舀出圣水，注入水槽，供其沐浴。即毕，送入'贺宰'，圣水则遣专人倒入江中，不能泼于地上。在'贺宰'中，由全勐老祜巴、佛爷念经，将祜巴的袈裟披于其身，并由议事庭总文书'都龙欠'念金头牌，曰：你坦白纯洁忠诚老实，遵守教规，德行上乘；你说话和气动听，你庄严，如

帕召的化身，你光明如初一至十五的月亮，你祝望佛教发展至五千年以为自己的宏大心愿；愿你教育你以下的和尚佛爷，如同你一样，愿你长命富贵，莫负众心"。念毕，将金头牌交于老祜巴，再由老祜巴为新晋升祜巴戴于头上。[2]通过对照现存记事银片内容的翻译，这一记载是可靠的。

除此之外，僧侣晋升时举办仪式的佛寺等场所也十分讲究。从云南省博物馆馆藏南传佛教僧侣晋升记事银片档案可以得知，举办僧侣晋升仪式的场所与僧阶层级有着紧密联系，僧侣晋升层级与举办晋升仪式的佛寺的等级相对应，中心佛寺得以授予比丘戒，祜巴晋升仪式一般是在勐的总佛寺或西双版纳总佛寺中举行。这一情况也体现了过去西双版纳地区，僧阶层级与行政组织级别（村寨—陇—勐—召片领）相对应，与佛寺组织管理体系（村寨佛寺—中心佛寺—勐的总佛寺—总领西双版纳总佛寺）也相呼应。

其次，通过对银片的解读，对松列·阿嘎牟尼的生平有了更为详细、深入、确凿的认识。过去，祜巴及祜巴以上僧阶的晋升十分不易，一般普通百姓出家最高能升至祜巴，祜巴以上僧阶只有贵族子弟才有资格升任，且必须得到宣慰使议事庭的任命。最高僧阶松列·阿嘎牟尼在近代历史上仅有一位傣族和一位布朗族担任过。松列·阿嘎牟尼之所以得以担任西双版纳的末代僧王，与当时的历史发展有着紧密联系，其升任松列·阿嘎牟尼的仪式上，明确写着是在佛教协会

① 中国科学院民族研究所云南调查组、云南省历史研究所民族研究室编：《云南省傣族社会历史调查资料西双版纳地区（九）》，1964年，第129页。

② 云南省历史研究所编：《西双版纳傣族小乘佛教及原始宗教的调查材料》，1979年，第12页。

和僧众的见证下进行晋升。

再者，中国南传佛教僧侣晋升条件中，对僧侣的修习年限、佛学修养、品德戒律、僧团管理能力和信教群众中的威望都有一定要求，越往上的僧侣晋升越难、要求越高。祜巴以上僧阶的晋升不仅重视个人必须具备较高的佛教学识，更注重其对寺院僧团的管理能力和对社会、信教群众的服务能力。这一特点在晋升记事银片中得到了充分的反映，在从帕诺升为帕即沙弥（Samanera）时，只是强调了受戒，而从玛哈厅升为祜巴的银片中，最能够反映出高僧阶的晋升不仅要求自身持戒修行，还强调为僧众、信众服务的能力。因为银片中不仅赞美了"佛法精深"，更重要的是"德高望重，受到广大信众的爱戴"。阶阶相继的南传佛教僧侣晋升制度，保障了佛法在僧团内部有序、可靠地进行传承；另一方面，得到晋升的僧侣一般在其个人品德戒律、佛学修养、威望乃至社会服务能力上都获得了僧团与信众的一致承认，换句话说，就是这些僧侣不仅具备了弘扬佛法的能力与基础，还有服务社会与大众的能力与实践，才能够得到神圣世界与世俗世界的共同认可。

银片中记录了每次僧侣晋升的时间、地点、所属寺院及晋升内容，记录了每次僧侣晋升都是得到信众的推荐、僧团的同意，最重要的是得到当地政权的同意。民国时期的南传佛教佛阶晋升记事银片开头都是用巴利语记录下召片领及议事庭的见证，1949年以后则为中国佛教协会西双版纳分会。

中国南传佛教的僧侣晋升对于南传佛教传承有着重要意义，记事银片即僧侣僧阶晋升档案是文化传承的重要实物见证。

艺术：制作工艺与图案纹样

第一节　工夫天自巧：云南少数民族银器的制作工艺

一、求索有传承：中国古代金银器制作工艺

　　由于银器的制作工艺承袭自金器，二者关系紧密难以分割，因此我们在讨论银器的制作工艺时，往往是将金银器放在一起来讨论。中国古代银器的制作工艺发展历史，实际上就是中国金银器的工艺发展史。中国古代金银器制作工艺源于商周，成熟于汉代，发展于唐宋，元明清时期发展至巅峰，且一直延续至今。作为一种复杂的综合工艺，中国古代金银器制作工艺在一定程度上反映了一个时代及地区的科技水平与社会经济发展水平。从供皇室、贵族使用的器物变成日常生活中的商品，中国古代金银器制作工艺与人们的社会生活紧密联系，从未衰落。今天，延续三千多年的中国古代传统金银器制作工艺被列入非物质文化遗产，也将在未来继续传承下去。

◆　新华白族手工制银

　　中国古代金银器的制作工艺十分复杂、精细、完整。汉代时金银器制作工艺逐渐成熟，主要有范铸、焊接、锤鍱、掐丝、拔丝、磨光、针刺、模压、錾刻、镂空、镶嵌、炸珠、鎏金银、错金银、贴金、包金、金银平脱等种类。随着工艺的不断发展完善，到清代、民国时期，金银器制作工艺除继承了以前所有的传统技术外，还有所创新与发展，如点翠、珐琅、电镀等工艺得到运用，累丝、编织、镶嵌达到登峰造极的地步，最终实现了在造型、纹饰、色彩搭配上的炉火纯青。

　　一件金银器的制作，往往是多道工序与多种工艺的结合，主要包含制造工艺和装饰工艺等。制造工艺负责制作成型，装饰工艺负责加固点缀，在实际制造过程中，两者常常相辅相成，难以分割。

（一）制作工艺

1. 范铸工艺

也称铸造工艺，通过仿造青铜器的铸造技术发展而来。主要步骤

◆　炉火

是先将所要制作的器物依据具体形态制模翻范，然后将熔炼成液体状的金或银倒入范中，冷却后即成为所需的器物。这一工艺在中国早期金银器的制作中使用较为普遍，无论是简单器型还是复杂器型，都可采用。胎体厚重是范铸器物的特点，在锤鍱技术应用于金银器制作以后，范铸工艺在金银器制作中的使用逐步减少。

2. 焊接工艺

既是金银器成型工艺，又是装饰工艺。一方面，可以在大型器物的制作中，起到将分别范铸的部件焊接在一起最终使其成型的作用；另一方面，也可以使用焊接工艺来进行装饰。

3. 锤鍱工艺

锤鍱即锻造、打制，既可以直接成器，也可以锤出花纹以作装饰，还可以锤出各个部分再加以焊接，是金银器制作中最常见的工艺。用锤鍱工艺制作的器物要比用范铸工艺消耗的材料少，且锤鍱工艺可以充分利用金银质地柔软的优势，器物造型富于变化，纹样灵动活泼，因此在质地柔软、材质珍贵的金银器制作中十分流行。从春秋战国到唐代的金银器制作，可见到这一工艺的应用与发展。

4. 掐丝（拔丝）工艺

将经过锤打加工成薄片的金银片剪裁或拉伸成粗细不等的丝或条，再根据需要或以单根或以多根编织成一定形状的器物或饰件，一般用作连缀物品，或者盘积成一定的图形，焊于器物表面作为装饰。所谓拔丝即通过拔丝板的锥形细孔，挤压出较细的金银丝，这一金银丝的处理方法一直延续使用至今，从手工拔丝发展为机器拔丝。

（二）装饰工艺

1. 磨光工艺

磨光，也叫抛光工艺。传统的金银器制作过程中，初步制作成型后，器物表面较粗糙，为了凸显金银器的光泽，一般采用羊肝石、朴炭等先打磨掉粗糙部分，然后使用玛瑙、皮革等抛光工具反复擦拭表面，使器物圆滑、富有光泽。

2. 模压工艺

即将锤鍱好的金银薄片放在有图纹的模具之上，通过加热、锤打等方式将模具上的图纹压印在金银片上，形成凹凸有致的精美纹样。

3. 针刺工艺

在已经成型的器物上，用锥子按照事先设计的图案纹饰，刻出连续的圆点，由排列有序的圆点构成纹饰的线条。

4. 錾刻、镂空工艺

錾刻工艺，即使用各种大小不同的錾具，用小锤敲打錾具，使其沿着预先设计的纹路行走。由于錾头不同，角度不同，錾痕便成为各种不同的花纹轮廓，具有很强的装饰效果。如果用锋利的刻刀按照设计的图案花纹进行镂刻，使之透空，形成有地无地虚实相间的布局，即为镂空工艺。錾刻和镂空工艺既可以是平面雕刻，也可以形成凹凸有致的浮雕式纹样，装饰在金银器物表面，可以创造出更加丰富多彩的艺术效果。这一工艺始于春秋晚期，盛行于战国，一直延续至今。

5. 镶嵌工艺

即在已成型的器物上用宝玉石、玻璃等进行装饰的一种工艺，由青铜镶嵌工艺发展而来。在中国传统金银器的制作中，镶嵌工艺利用其他质地的原材料与金银器相结合，取长补短，交相呼应，形成独特的艺术效果。

6. 炸珠工艺

即先将金银片剪裁成金银线、金银段，加热熔化成液体状，颗粒较小的自然凝聚成小金银珠，颗粒较大的则要通过孔径相同的过滤网，将熔液滴入冷水中，使之冷却凝结成直径相同的小金银珠。也可以把金银碎屑放在炭火上加热，金银屑熔化成为露滴状，冷却后即成小金银珠。还可以将金银丝加热，用吹管吹向端点，受热熔化的金银熔液在端点自然滴落即成圆珠，有时也无须吹落，使圆珠凝结在金银丝的一端即可。金银珠一般采用焊接的方法装饰在金银器物表面。

除了上述直接制造、装饰金银器的工艺外，还有以金银作为装饰原材料的工艺，包括鎏金、鎏银工艺，错金银工艺和平脱工艺等。

（三）以金银为原材料的装饰工艺

1. 鎏金、鎏银工艺

鎏金亦称涂金、镀金、火镀金、汞镀金。其具体制作方法是：先将金和汞按照金一汞七的比例合成金汞剂，俗称"金泥"或"金汞齐"，均匀地涂抹在器物表面，然后通过烘烤加热的方法，让其中的汞遇热蒸发掉，使金附着留存于器物表面，最后用压子在鎏金面上反复磨压，使之平整、牢固和光亮。根据装饰部位不同，鎏金工艺可分为通体鎏金和局部鎏金两种。汉代时鎏金技术就已发展到很高的水平，制作出在银质器物上鎏金的器物，称为鎏金银器。唐代时，鎏金技术大量运用于银器装饰。

2. 错金银工艺

错金银，也叫金银错工艺，主要用于装饰铜器和铁器，少量用于装饰银器。先在已经成型的器物上铸或刻出所需图案、文字的凹槽，用金银丝或金银箔嵌入其中，由于凹槽都内宽外窄，再经过挤压锤打，使得金银镶嵌物充满凹槽而不至于脱落，然后用错石磨错，使其浑然一体，最后再经抛光处理，使器物表面光滑平整。错金、错银或错金银将器物纹样隐嵌于器表，利用金属的不同光泽显现花纹，具有

◆ 錾刻图案

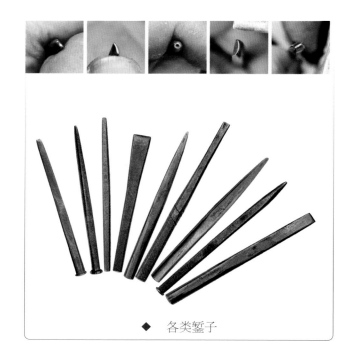

◆ 各类錾子

很强的装饰效果。

3. 平脱工艺

平脱工艺，主要用于装饰漆器。将金片、金箔或银片、银箔剪成各种形状，用桐油或鱼鳔胶等将其粘贴在器物表面，然后髹漆数重，再仔细进行碾压、研磨，使金片、金箔或银片、银箔的花纹脱露出来与漆面平齐，再加推碾磨光。汉代的平脱工艺已经成熟，但真正盛行是在唐代以后。

二、潜行造化工：云南少数民族银器制作工艺

伴随着银矿冶炼技术和金银器加工工艺的传入，在云南社会经济不断发展的基础上，云南金银器制作工艺经历了一个继承、发展、演变的过程。春秋战国时期，云南金银器的使用与制作逐渐萌芽，两汉时期深受内地影响，银矿的提炼及金银器制作技术逐渐成熟，南诏、大理国时期达到了较高工艺水平，元明清时期云南金银器的制作尤其是银器制作发展为一项工艺种类繁多、技术精湛的民族民间工艺，创作出众多独具特色的精美艺术品。在继承传统中国金银器制作工艺的基础上，云南少数民族银器以精湛的工艺、浓郁的地方民族特色闻名于世。从工艺上来说，主要有锤鍱、锻打、花丝、编织、镶嵌、焊接、打磨、点蓝、点翠、电镀、贴金、金水、鎏金银、乌铜走银等工艺。从制作上来说，许多民族都有自己的银匠，或走村串寨，或以家庭为作坊。同时，还发展出一些独具特色的制作工艺，如乌铜走银等。在制作过程中因地制宜，使用一些产自本地的材料，如使用柠檬、酸角等漂洗

银器。其中，白族和傣族的银器制作工艺独具特色，以两者为例管窥云南少数民族的银器制作工艺。

（一）白族银器制作工艺

白族银器制作以鹤庆最为有名。据说明朝中期大理鹤庆便有加工金银器、铁器、铜器的工匠，代代相传、不断改进，鹤庆逐渐发展为西南少数民族地区银器加工最大的集散地，集产销为一体，新华村是鹤庆白族制作金银器的代表村落。白族银器制作延续了传统的加工方法和技艺，工序十分复杂。主要有以下几个步骤：

1. 选料

确定毛料真伪和成色，这是走村串寨的小炉匠的基本功。在过去，银匠一般只出工，银料由客人自己预备，只有比较有实力的银匠和银铺才会提供银料。

2. 熔解

将金属毛料加温软化提纯，传统做法是使用木炭，对火候掌握要求较高，后来也有部分作坊使用煤炭或电炉，提高产量节约人工。

3. 敲片

即传统工艺中的锤鍱、锻打，制作出大小不同的银片、银丝。

4. 拉丝

利用钨钢丝眼，把粗制出来的银丝细头放入丝眼中，用夹钳拉出，制成粗细不一的银丝。

5. 制模

将粗加工好的银片放入砂箱中，银片为半封闭或全封闭状态，将熔化的铅液注入其中，待铅液熔

化后就在银片上进行雕刻，雕刻完成后再加热将铅托熔化后去除。这种做法主要使用在立体器物的制作中。除使用铅托以外，新华村白族在制作银器时还会使用松香、黄蜡来制作托底，在錾花时常常使用。多种选择的托底及固定材料，与这一地区大量制作雕刻精美、器型较大的藏传佛教法器有关。

6. 成型

将银片放在锡制作的模具中，用锤子敲打模具，冲压出银器的基本轮廓。

7. 錾花

在完成制模或成型后，对银器进行錾刻纹样。黄蜡和松香为托底时，多制作相对器型较大、纹饰舒朗的器物；铅为托底时，可以錾刻比较细致的花纹。

8. 焊接、酸洗

在需要焊接的银器接口上挂上焊药放入炉中即完成焊接。最后使用硝酸和硫酸配成的酸洗液漂洗表面发黑或粘上杂质的银器，再晾干即可。此外，还会根据需求，使用镶嵌、点翠、珐琅等工艺。

（二）傣族银器制作工艺

使用金银制造器具和装饰品是傣族的重要手工艺，其制作历史悠久、工艺水平极高。由于做工精湛、款式多样、审美水平较高、具有浓厚的民族地方特色，因此傣族金银器及其制作工艺闻名于世，受到人们的广泛喜爱。傣族有专职银匠，民国时车里还有专门管理金银匠的官员。傣族银匠制作的银器数量较大，工艺甚为精美，制作的产品不仅提供给傣族地区，而且销售给周边

地区的众多民族，影响较大。

民国时，就有学者对西双版纳的银器制作工艺进行了初步调查，这一时期的傣族银器制作延续了千年来的传统工艺，无论是器具还是工艺步骤都可以见到云南少数民族银器制作的传承。主要分为四个步骤：

1. 熔银铸条

使用的熔锅为沥土所制，形似酒杯，高约6寸，内口径4寸，外口径4.6寸，底较厚，约8分。熔银时使用木炭加热，将生银倒入熔锅中，熔锅置于熔炉之中，通过手动抽风箱送风加热直至生银化为银液。在银液中加入白矾数次，使纯银下沉，杂质上浮，再将杂质用器具撇去，用铁钳将提纯的银液倒入抹了菜油的银模中，铸成银条，冷却后再取出。

2. 击银成器

将铸好的银条再次放入火中加热后，放在一个固定的铁栓上，以铁锤击之，数次，再入火去烧。通过连续烧击，直至将银条加工为所需大小和厚薄的银片，再用小锤加工为所需形状。

3. 錾花

使用大小不一的圆头或扁头钢钻，在银器背面初步钻琢出圆、点、线等装饰纹样，再用松香液涂在银器背面，松香冷却凝固后与银器粘在一起，以小钢钻从银器正面雕刻精细的纹饰，完成后再将松香除去，这样既可以避免錾花过程中弄破薄薄的银片，又可以加工出更为细致的纹饰。

4. 漂洗

将银器放入火中加热，再放入酸角水中漂洗，

漂洗后的银器洁白如雪①。使用柠檬水、酸角水来漂洗银器，是东南亚地区银器制作的一个特色，是银器制作工艺与当地生态紧密结合的一个样例。

在傣族的银器制作工艺中，花丝工艺是傣族银器制作传统工艺中历史悠久、最受喜爱的工艺之一。花丝工艺是将黄金或纯银加工成丝，再经盘曲、掐花、填丝、堆垒等手段制作首饰的细金工艺。傣族花丝工艺根据装饰的部位不同，制成不同纹样的花丝、拱丝、竹节丝、麦穗丝等，制作方法主要有掐、填、攒、焊、堆、垒、织、编等。傣族的花丝工艺主要应用于小件首饰的制作中，如耳饰、发簪、纽扣、手镯、腰带等，做工细腻精美，常见多种花丝工艺在一件器物中的反复运用，形成有序的视觉冲击，给人以强烈的美感。因此，对傣族花丝工艺进行概说和举例，更易于人们理解傣族银器制作的工艺水平和艺术风格。

一般说来，傣族花丝工艺主要包含以下几个步骤：

1. 制作底板

使用薄银片制作，银片的厚度根据饰品的种类、大小来决定，器物尺寸越大，底板上承担的图案花纹越复杂，底板厚度越厚，反之则越薄。最薄可以制作出0.1毫米左右的银板作底。底板的形状根据饰品的设计来决定，有长方形、圆形、椭圆形、多角形及不规则形等。

2. 拔银丝

把提前制作好的银条拔成直径粗细不同的银丝。拔丝必须通过多次完成，不能够一次性到位，以前都必须手工拔丝，十分费工，现在有拔丝用的机器，只需要根据需要选择机器上的固定直径来操作，由机器来完成即可。每拔一次之后都要正反两面退火，以保持银丝良好的延展性。使用手工拔丝的银丝可以达到极高的精度，细若发丝。

3. 拧花丝

将加工好的花丝根据设计制作出需要的花丝形状。比如制作花瓣时，就可以将长银丝对折，对折点使用钉子固定，银丝两端用木条拧成麻花状，方向不同，制作出的正、反不同的麻花瓣效果。

4. 花丝造型

使用已经拧好的花丝，制作出造型多样的图案。

5. 焊接

将提前做好的底板、锤鍱錾刻的图案、花丝造型放在一起用焊粉焊接。

6. 焊银珠

把银丝剪成3毫米左右的小段放在木炭板上用焊枪大火吹，高温下的银条逐渐聚集成银珠，当表面出现"开脸"现象时，需迅速撤火，才可以制作出表面光滑的小银珠。然后把银珠分别焊在底板边缘、錾刻图案及花丝造型上。

7. 卡扣

为了能够佩戴方便，通常还要在底板背面制作插针或者卡扣。插针的话一般是用银片制成银筒状，焊接在底板上，使用时候取一个大小合适的竹

---

① 陶云逵：《车里摆夷之生命环》，李文海主编《民国时期社会调查丛编·少数民族卷》，2005年，第244—225页。

条插入银筒内就可以直接使用了。卡扣则会做成L形，方便卡在包头、衣饰或腰带上。

8. 退火

新制作出来的银器还需要在散热后，放在明矾水里煮3分钟，再放入清水里用铜刷刷干净，再退火……这样反复三次才算完成。

9. 镀金

把银制品进行镀金处理。所谓镀金即传统意义上的鎏金，民国以前多采用汞齐加热法，民国后陆续开始使用化学制剂进行镀金工艺。

上述步骤是傣族银器花丝工艺的普遍性操作，在实际的制作过程中，器物的类型不同，花丝工艺的繁琐程度也大不相同。有学者在田野调查中记录下极受欢迎的传统佛塔造型发簪的流程，翔实地反映出傣族花丝工艺的高超技艺。

首先，制作菊花形花瓣。用直径为0.4毫米的银丝紧而密地缠绕在直径为0.5毫米的银丝上，抽出0.5毫米的银丝，0.4毫米的银丝就呈弹簧状。再把银丝制成的弹簧缠绕在直径为2毫米的铁柱上，抽出铁柱，剪下一圈，修正两端后呈菊花形。

其次，制作佛塔。（1）制作直径由大到小的佛塔塔身。取直径为0.4毫米的银丝紧而密地缠绕在直径为0.6毫米的银丝上，剪下一段弯成直径为15毫米的圆环，焊接末端，修整成圆环，敲平。按照同样的步骤用直径为0.5毫米的麻花银丝和直径为0.7毫米的素银丝做大小不一的圆环共6层。按照直径由大到小的顺序，相邻的圆环两层两层地焊在一起，最后再由下向上焊成下大上小的塔身。（2）制塔顶。取直径为0.3毫米的麻花丝，以最小的圆环为底径做锥形佛塔，然后在顶部焊银珠，同时把每层麻花丝也焊在一起。（3）制塔壁。取直径为0.5毫米的银丝，圈成8个涡旋形，把每层银丝之间焊紧，再焊在第十步的小塔侧面，起到固定和美观的效果[1]。

最后，将菊花和佛塔焊接在插针上，有时候还需要点缀银珠于镂空的佛塔上。

花丝工艺作为傣族特有的、带有民族审美情趣的制作工艺，既继承了中国传统的金银器制作工艺，又糅入了饱满的民族情感与历史文化痕迹，不仅给人以强烈的视觉美感，更通过独特的民族手工技艺，表达了浓郁的民族特色和热爱自然、纯洁质朴的情怀。

◆ 垫具

---

[1] 满芊何：《傣族首饰研究》，清华大学2006年硕士论文，第13—20页。

第二节 画中有话：装饰纹样

　　纹样作为装饰的基本构成因素之一，审美意象只是其表层含义，它在更深层面上包含、体现了赖以存在的历史地理背景、人文风俗、宗教信仰、文化理念和民族精神。从意识形态的意义上讲，它的重要性超过了器物的造型，各类装饰纹样题材的文化内涵对于云南少数民族银器的精神内容与艺术特色的形成具有至关重要的作用。云南少数民族银器与自然环境、社会环境紧密联系在一起，深深扎根于人们对自然的虔诚热爱中，扎根于深厚的民族历史文化底蕴中，表达了人们亘古不变的对美的追求。

　　一方面，银器纹样源于自然又高于自然，动植物、日月星辰、生命的动静都是模仿的对象；另一方面，社会生活和各种文化因子也是银器纹样灵感的重要来源。纹样在搭配上十分自由，制作者常常根据使用场合、客人的需求及喜好、传统审美等等，根据器型来因地制宜地设计纹饰的分布构图以及纹样的具体内容。纹饰的组合就像一首歌、一部曲，看似杂乱无章、什么内容都可以放进去，实际上却有着独特、富有韵律的美感。在长期的创作、使用过程中，银器的某种器型使用什么图案、如何分布，早就被时光淘汰、检验过，留下的是最受人们喜爱、最合理的图案及分布构图，形成了一些约定俗成的纹样构图方式。

　　一、万物皆可入

　　云南少数民族银器的装饰纹样大致包括七大类，即动物类、植物类、几何类、自然景象类、文字类、人物类、其他类，其纹样大都以朴素的写实手法进行一定的夸张变形，深深蕴含着少数民族强烈的民族情感和生活气息，不仅是少数民族生活、生产环境的真实写照，是对美好生活的向往，更是云南少数民族文化最为直观的体现。

（一）动物类

动物类装饰纹样大多以具象化的形态出现，比较常见的有虫纹、鱼纹、禽鸟纹、瑞兽纹及图腾崇拜纹样等。

虫纹在云南少数民族银器装饰纹样中最为常见。虫纹主要包括蝴蝶纹和蜜蜂纹，其中蝴蝶纹的表现形式最为多样，有单体蝶纹、双体蝶纹、四体蝶纹等，常独立成型，或以主纹或辅纹形式出现于花卉的上下左右，与器物或主纹的大体风格保持一致。蝴蝶纹的频繁出现与本土的自然崇拜、民间传说以及宗教祭祀不无关系。蝴蝶因雌雄交配后一次摆子无数，被人们看作是多子和母性的象征，寓意生命繁衍、人丁兴旺。还有一些少数民族则有着独特的历史与习俗，白族自古有"蝴蝶泉"民间传说，每年农历四月十五，白族青年男女幽会于蝴蝶泉，谈情说爱，蝴蝶泉是人们追求爱情的圣地。白族"绕三灵"也与蝴蝶有关，每年农历四月二十三到二十五，蝴蝶纷飞的花季，洱海周围的白族男女老少从苍山圣源寺出发，沿苍山东麓经崇圣寺，绕到洱海边的金圭寺，沿途百余里，白天载歌载舞狂欢前行，傍晚就地在田野或树林里燃起篝火，烧茶煮饭。饭后，老人品茶弹唱，青年男女相约幽会，通宵达旦谈情说爱。蝴蝶在云南少数民族审美中是生命、美丽和爱情的象征，被频繁使用在银器中。

鱼纹装饰形式异常丰富，有双鱼、群鱼、金鱼、莲与鱼、鲤鱼跳龙门等。鱼是多子和富裕的象征，各族银饰中鱼的形象十分丰富。使用鱼纹来作为银器装饰时主要用立体鱼形作坠饰，少数使用平

◆ 彝族蝴蝶纹

◆ 壮族蝴蝶纹

◆ 傣族蝴蝶纹

◆ 民国　傣族錾花鱼坠空心银纽
　　通长 17 厘米，钮径 2 厘米，重 50 克

◆ 民国　白族鱼坠

◆ 民国　彝族鱼形坠饰

◆ 民国　哈尼族鱼坠银耳坠

面鱼形坠饰。哈尼族尤为喜爱使用鱼形坠饰，其鱼形坠饰十分多样，既有通体莹白、线条圆润、体态丰满的独立造型的立体仿生鱼，也有色彩斑斓的珐琅鱼。"立体鱼形坠饰一般单独出现，平面鱼形坠饰或者为双鱼造型，或者成串出现。在不同胸饰中，立体的鱼形坠饰以银链相连与莲形、葫芦形等坠饰组合使用，总是处于整个饰品的中心位置……平面的鱼形坠饰以银链相连与银针筒、银挖耳、银铃等组合使用。"①鱼纹之外，虾、蟹、蛇、蛙、螺蛳等都有大量使用。

禽鸟纹主要包括孔雀、喜鹊、鸡、鸳鸯、仙鹤等纹样。在云南少数民族图案纹样中，喜鹊的寓意与汉族一样，寓意吉祥，仙鹤则被视为长寿的象征。孔雀纹是最具傣族特色的纹样之一，孔雀纹不仅来源于对美丽孔雀的欣赏和喜爱，还附加了傣族鸟图腾崇拜的遗痕。在傣族的鸟图腾神话中，主角都是人面鸟身，遍及傣族各地的孔雀舞也是人面鸟身装扮；孔雀公主的神话故事流传至今，傣族常常为女孩取名为"依永"，就是孔雀姑娘的意思。在傣族的纹样中，孔雀纹是圣洁美好的象征，因此对于孔雀纹的使用较为普遍，但这一图案多见于织绣图案中，银器中则较为少见。

瑞兽纹是银器装饰艺术中的重要组成部分。其中龙的地位尤为特殊，有云龙、双龙、龙衔珠、龙抢珠等形式。此外，麒麟、凤凰也是常见的瑞兽纹。麒麟是古代传说中臆造的一种动物，它全身鳞甲，牛尾，狼蹄，龙头，独角，为角上有肉之兽

① 白永芳：《哈尼族服饰文化中的历史记忆——以云南省绿春县"窝拖布玛"为例》，云南人民出版社2013年版，第145页。

◆ 民国 傣族 禽鸟纹

◆ 傣族 禽鸟纹

◆ 民国 傣族 孔雀纹

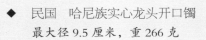
◆ 民国　哈尼族实心龙头开口镯
最大径 9.5 厘米，重 266 克

类，其体色五彩。麒麟是中华民族极为喜爱的祥瑞之物，常有"麒麟送子"一说。麒麟常搭配绶带或踏花枝出现，且麒麟的头部都作回望的姿势，这种装饰形式多以浮雕和圆雕手法出现于各类颈饰，满足人们多子多孙的愿望。凤是我国古代人民综合多种禽类形象创造出来的一种神鸟，被称为鸟中之王，它头似锦鸡、身如鸳鸯，有大鹏的翅膀、仙鹤的腿、鹦鹉的嘴、孔雀的尾，居百鸟之首，是吉庆祥和的化身。在云南少数民族银器的装饰中，凤纹常与其他动物纹或植物纹一起出现，如"凤穿牡丹""龙凤呈祥"等图案常见于各类银器上，寓意着吉庆美好。另外，还有一种凤纹形式即"草凤"，是植物纹与凤纹的结合，常被用于手镯上。除了一些神话中的瑞兽外，源于现实生活中的狮子、虎、牛、马、猴、象、鹿、蝙蝠等动物纹也被赋予了广泛的吉祥寓意。鹿在我国古代被视为一种神兽，它与仙人相随，是长寿的象征。在吉祥纹样中，鹿与"禄"同音，借用以示官位，鹿同时具有温和、善良、慈祥的品性，被人们大量地用作装饰纹样。银器中常使用鹿纹来进行局部的装饰，常与梅花一同出现，且作踏花枝且头回望的姿势，嘴中常含着如意、毛笔等，以示家庭吉祥如意、运气亨通之意。蝙蝠其貌丑陋，令人生畏，但中原汉族自古视蝙蝠为吉祥的象征，取其谐音"福"，这种吉祥之意同样也影响了云南少数民族，喜用蝙蝠图案来装饰与自己生活息息相关的物件，表达人们对生活幸福安康的追求。

大象在傣族纹样中是吉祥的象征，代表着和善、忠诚、友好。对大象的崇拜与敬畏，深深刻画

◆　民国　银镀金富贵同春六方牌

◆　民国　傣族银镀金麒麟戏球六方牌

民国 傣族瑞兽纹银槟榔盒盒盖 .JPG

◆ 西汉 银错金镶石有翼虎纹带扣

◆ 民国　纳西族福寿双全纹银耳坠

◆ 民国　哈尼族錾花凤纹银镯

◆ 民国　傣族大象纹

◆ 民国　傣族摩羯纹

◆ 民国　傣族象头鱼身摩羯罗纹

在傣族心中，西双版纳很多勐都将大象尊为勐神之一，有的村寨还尊大象为寨神。大象不仅是瑞兽纹，还是云南少数民族中长期保留的图腾崇拜遗俗的体现，具有明显的民族与地域特征。大象纹样在银器中主要出现在傣族银槟榔盒中，如盒盖、盒底等部位，独象和双象居多，常常配以亚热带特有的棕榈树、棕苞花等，有时还会与其他动物一起搭配出现，描绘出一幅生动的亚热带丛林景象。

傣族银器中还使用了一些极为独特、被神化了的动物纹。傣族有着属于自己的成熟历法。傣族在对天体的长期观测后，学习汉族及外国的观天经验，将太阳经过的天区路径划分为十二道，即黄道十二宫，傣语名称为梅特、帕所普、梅贪、戛拉戛特、薪、甘、敦、帕吉克、塔奴、芒光、谷姆、冥等，即现代通用的白羊、金牛、双子、摩羯等十二宫，十二宫的图像常常被使用在银槟榔盒腰部的十二个开光内作为装饰纹饰。傣族传统的护殿神兽的嘎朵（傣族民间一种被神化了的动物，像马鹿但又不是马鹿）、人头鸟身的金丽纳都是神话故事与图腾崇拜的具象表现。来自印度神话传说中河流女神的坐骑摩羯罗，是一种集鱼、乌龟、鳄鱼、大象为一体的海怪，象征水的生命能量，龙首鱼身或象首鱼身的摩羯罗纹样是傣族银器受到南亚、东南亚文化影响的实证。这些独特纹样的运用，充分体现了傣族文化与东南亚文化之间的融合与借鉴。

（二）植物类

植物果品纹是云南少数民族银器中表现最多的题材，既有写实的，也有抽象图案化的。来源于日常生活的花卉纹样有荷花、茶花、牡丹、玉兰、海棠、向日葵、水仙、卷草、梅、竹、兰、菊、宝相花、团花、折枝花、缠枝花、串枝花、小簇花、忍冬花纹、莲花纹、花结、花篮等。果品有藕、莲蓬、南瓜、葫芦、葡萄、核桃、佛手、石榴、香橼、桃、李、梨、柿、果篮等。除各类花果图案外，还有佛教象征性的卷草纹、宝相纹、莲花纹等。

植物花果纹样在受到文化影响的同时，更与当地的生态环境、神话故事有关。梅、兰、竹、菊被称为四君子，自古以来经历代文人雅士的推崇，其内涵不断发展，逐渐成为一种人品气节的象征，寓意追求清雅淡泊、高尚品格的人文情怀，被广泛运用于银器装饰中。它们或以独立形式出现，或以组合形式出现，常与文字或吉祥动物组合进行装饰，如梅花与鹿的组合等，整体构图简洁，寓意却很深刻。这种装饰文化特征表明了少数民族追求理想人格、具有崇高情怀的民族心理。牡丹花色彩绚丽，姿态万千，被人们誉为"花中之王"，形容为"国色天香"。自唐宋以来牡丹花与繁荣昌盛、幸福吉祥相联系，牡丹纹便被广泛地运用在工艺美术装饰中。在云南少数民族银器的装饰纹样中，除有单独以牡丹花纹样来装饰外，还有以凤穿牡丹的纹样来装饰，取意富贵吉祥。松树为一种常青树木，与竹、梅共同被人们称为"岁寒三友"，以此比喻人品之高洁，又因松树常青不老，在传统装饰中也是长寿的代表，所以松鹤图也较为多见。此外，葫芦、石榴、桃、柿子、月季花等，因为谐音关系常表示"多子多福""四季平安"等寓意，也是人们喜爱的装饰题材。

◆　民国　白族牡丹纹插簪

◆　民国　白族花丝银花篮

◆　民国　彝族六方梅花纹银戒指

　　复杂多样的自然环境孕育了丰富的生态资源，这为云南少数民族银器纹样提供了极为丰富的创作源泉。芨芨菜，也称荠菜，丛生呈莲座状，叶片卵形至长卵形，边缘为缺刻或锯齿形。蕨菜根状长而横走，早春新生叶拳卷，呈三叉状。二者都是云南重要的野菜品种，营养丰富，清热解毒，分布较广。荠菜纹和蕨菜纹都是云南传统花草纹样，荠菜纹以丛生莲座状或叶片锯齿形为特征，蕨菜纹以植物弯曲弧线为基本特征，或对称，或连续条形，变化丰富。

　　云南少数民族银器装饰艺术深受佛教的影响，宝相花在银器中的运用十分广泛。宝相花瓣一般是六瓣或九瓣，以单层花瓣为主，花心錾刻放射状排列的小直线。宝相花作为主纹，卷草纹为辅纹，重复排列，花型大小根据器物大小来确定。卷草纹的基本形式一般呈波浪形，以枝蔓为骨架，周边搭配叶片或花朵，这种纹样在银手镯中应用极多。莲纹在云南少数民族银器中的大量使用，除了佛教的影响外，我们还可以常常见到鱼莲纹样，将植物的春华秋实与鱼类的生生不息结合在一起，祈求生息繁衍昌盛。哈尼族的银饰中，鱼莲组合纹样也十分常见，通常是鱼在上方，莲在下方，鱼纹生动喜人，莲纹左右对称，上下近似对称。

　　云南少数民族神话故事中的题材也是银器创作灵感的重要来源。西南少数民族的创世神话中，葫芦与人类的起源有着重要联系，彝族、怒族、白族、哈尼族、纳西族、拉祜族、傈僳族、阿昌族、景颇族、基诺族、苗族、瑶族、壮族、傣族、布依族、德昂族、佤族等民族，都有关于本民族祖先为葫芦所生的

◆　民国　彝族六方植物纹戒指

◆　民国　傣族植物纹

◆ 民国　彝族花卉纹银镯

◆ 民国　傣族银镀金莲纹六方牌

◆ 民国　景颇族莲纹银牌

◆ 民国　傣族宝相花纹

神话。在诸多少数民族制作、使用的银器中，葫芦纹既可以作为福禄多子的象征，更是民族神话故事的遗留；既有象形的实心葫芦，还有镂空变形的葫芦；其纹饰既使用在头饰上，也大量使用在胸饰、腰饰和挂饰中。

（三）人物类

云南少数民族银器装饰艺术中的人物纹多为宗教人物形象，佛教、道教等的神仙形象常常作为祈福护佑来使用。道教中的三清、八仙、和合二仙、福禄寿三星、八卦等，佛教中的观音、弥勒佛等，还有本主信仰相结合的纹样等，都可在银器中见到他们的身影。

由于宗教人物形象的服饰、神态均有所依据，相比之下傣族银器中的人物纹更接地气。傣族人物纹样多用于装饰带扣、小槟榔盒、烟盒等，人物形象有单独出现的，也有两个或多个一起出现的。人物形象刻画极其生动活泼，衣着也很有民族特色。傣族的传统服饰是不论男女都穿筒裙，所以，在傣族首饰中的人物形象多是穿筒裙的。由于傣族能歌善舞，装饰的人物图案多是身着盛装的年轻男女载歌载舞的形象，人物的动态优美，比例协调，衣物与皮肤的质感一目了然，栩栩如生。衣服、鞋帽及手中的道具都刻画入微，款式、质地、肌理清晰地跃然其上[1]。

（四）自然景物类

云南少数民族银器的装饰纹样中有很大部分是自然景物类纹样，如自然现象的云纹、水纹、涡旋纹、太阳纹、火焰纹等，也有生活中常见的网纹、

---

[1] 满芊何：《傣族首饰研究》，清华大学2006年硕士论文，第30页。

◆ 民国　白族弥勒佛银帽扣饰

◆ 民国　傣族银槟榔盒局部人物纹

绳纹、弦纹、回纹、编织纹等。这些纹样既是对生活的真实写照，又是对生活的艺术加工，更是人类崇拜自然的体现。通过一定的装饰手法赋予它们某种形态，从而形成了具有装饰意味的纹样，这一类纹样生动、抽象而神秘，以韵律式旋转线条的形式，组成各种装饰线条或片段，常在装饰品的边框出现，或单独存在，或复合构成，经常与其他主纹相结合，起到很好的装饰效果。

云雷纹是一种细密、连续的螺旋纹图案，富于装饰性而又适应性极强，它可以独立地组成大面积的装饰面或装饰带，也可以配合主体花纹，做辅助纹饰。独立使用的云雷纹可以重复排列，组成多种形式的两方连续、四方连续图案，又可作带状装饰和大面积独立装饰。在云南少数民族银器中，云雷纹一般低于主纹，起底纹装饰作用。

太阳纹样是原始先民对太阳崇拜信仰的外化形式，是云南少数民族广泛使用的一种古老而又极具装饰和实用意义的纹样图案。它融合了云南各民族的历史文化、原始信仰、风俗习惯、艺术审美等多方面内容，不仅体现在服饰、崖画、铜鼓等艺术中，还反映在银器纹样图案中。太阳纹在银器中的运用，主要具象为圆盘状、光芒状、与火形象融合及与动植物形象融合变体等，主要使用在顶板、银牌、银纽等种类中。

以水为原型经过艺术化处理的装饰纹样种类较多，如涡纹、水波纹、漩纹、漩涡纹、曲纹等。水纹是农耕文化在器物文化中的典型体现。银器中使用的水纹既有立体的涡纹，多装饰在器物表面，似乳钉纹，也有平面的曲纹、水波纹作为辅助纹饰。

（五）几何类

几何纹是人类最古老的图案纹饰之一，其产生源于人们对客观事物的观察，经过提炼、抽象、概括成为各种几何图案，多作辅助性装饰纹样，以带状或环状形式出现于银器的外围。比较常见的有回纹。回纹是以横竖短线折绕组成方形或以弧线旋转如螺纹的一种几何纹。除回纹外，直线、曲线以及三角形、正方形、长方形、圆形、菱形、梯形等构成的各式图案，或以单体出现或以组合出现，虽包含的人文内容较少，但以其韵律感强、形式流畅等特点给人们一种视觉上、心理上的欢快[1]。

几何纹在云南少数民族银器中的使用，最常见的是大大小小的银泡组成的几何纹。在头饰上、衣饰上满缀大大小小的银泡，排列出各式各样的图案，有菱形、三角形、树枝形、花枝形。这种乳凸纹象征母亲和日月，是少数民族和汉族都十分常见的装饰纹样，表达了对母亲和自然的原始崇拜，是原生性宗教审美意识在装饰纹样中的体现。同时，多民族服饰中都出现了银泡装饰也体现了同一地区各族文化的交流[2]。

（六）文字类

文字或者类文字作为一种图案，也是装饰艺术中的一个重要类别。由于受汉文化影响，在云南少数民族银器的文字类装饰题材中，几乎都以汉字作为主要元素，如"喜""寿""福"等带有吉祥之意的汉字，常出现于各类帽花和牌饰

---

① 陈红梅：《云南大理白族银器艺术研究》，昆明理工大学2009年硕士论文，第35页。

② 满苒何：《傣族首饰研究》，清华大学2006年硕士论文，第32页。

曹国舅手持阴阳板

何仙姑手持莲花

韩湘子吹笛

张果老手持渔鼓

◆　民国　傣族银镀金錾花八仙人物牌
　　八仙指道教八名仙道，姓名多变，汉、唐、元、明各有八仙之说，明以后逐渐定名。明代吴元泰《八
仙出处东游记》以铁拐李、汉钟离、张果老、蓝采和、何仙姑、吕洞宾、韩湘子、曹国舅等八人为八仙

吕洞宾身背宝剑

铁拐李手持葫芦

蓝采和手提花篮

汉钟离手持宝扇

◆ 民国　彝族银泡太阳芒纹

◆ 民国　傣族云头编织绳纹

◆ 民国　哈尼族錾回文开口银镯

◆ 民国　纳西族涡旋纹银耳环

◆ 民国　哈尼族绳纹银镯

◆ 民国　景颇族绳纹银耳筒局部

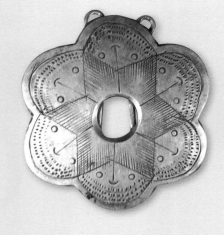

◆　民国　纳西族几何纹银戒指　　　　　◆　民国　拉祜族几何纹花形银扣　　　　◆　民国　佤族几何纹银镯

◆　民国　哈尼族银泡拼几何纹银领

◆ 民国 纳西族银镀金寿字翡翠耳环

◆ 民国 白族寿字鱼铃银坠须

上，它们常与其他装饰纹样一起组合，表示美好、幸福等吉祥之意。佛教中的万字纹在银器中也有使用，通常将许多万字上下左右相连，直至银器边框也不结束，寓意为万字不到头。此外，也有部分少数民族将自己民族的文字铭刻在银器上作为装饰，傣族就十分喜爱将傣文刻画在银器上，既有记事的功能，也有装饰的作用，这也说明了云南少数民族银器文化的兼容性。

（七）其他类

除了上述几大类别外，银器中还有一些纹样图案，来自生产生活中，巧妙浓缩在人们对图案纹样的创作中。

建筑纹在云南少数民族银器中有所使用。傣族的纹饰图案中就有佛塔的造型使用在发簪上的例子。佛寺的造型也有部分体现，如头饰、银制仪仗、槟榔盒等，一方面体现了南传佛教对于傣族文化和日常生活的深刻影响，另一方面佛塔佛寺等图案运用在银器尤其是饰品上又是原生性宗教的体现。傣族认为用金银制成佛塔的造型，佩戴在身上可以避邪、驱魔、庇护、保佑。

还有一些生活用具也被人们用在银器的装饰纹样中。刀、剑、戟被缩小后，常常与耳挖、剔牙等古代随身携带的各类卫生小用具搭配在一起成为男女均可使用的佩系。这一类型的佩系从明代时就很流行，常常用金银制成，三件或五件，被称为"金事件"或"银事件"，既有实用功能也有装饰功能。传说佩戴缩小版的刀、剑、戟有辟邪护佑的作用。云南地区在使用时称之为银三须，常常与针筒搭配在一起，是组成挂饰的重要配件。三须或五须

◆ 民国　傣族佛塔纹

◆ 民国　五须银佩挂

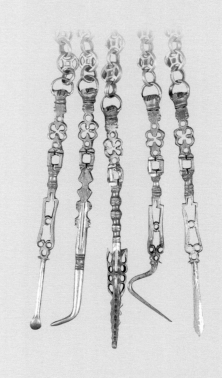

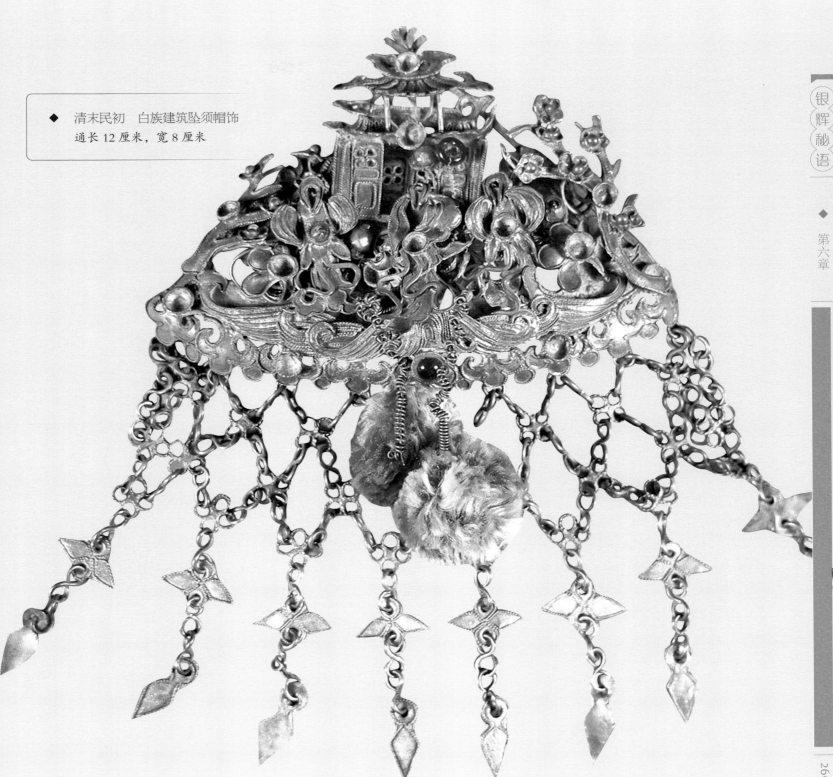

◆ 清末民初　白族建筑坠须帽饰
通长 12 厘米，宽 8 厘米

的搭配十分多样，清铲、耳挖、牙钩、牙铲、掏刀、牙签、夹子等等都可搭配使用，有时候还会搭配一些寿字、桃子、蝙蝠、铜钱等吉祥图案的小型饰件。白族、彝族、哈尼族等众多少数民族都很喜爱使用三须或五须。另外，将缩小的乐器、锁等作为纹样来使用是十分少见的。

二、富有韵律的图纹
（一）组织形式

云南少数民族银器的装饰纹样组织形式主要有三种：单独纹样、连续纹样和综合纹样。

单独纹样是图案组织中最基本的单位形式，没有一定的外形轮廓，以一个纹样为单独一个单元存在并具有完整感。单纹使用较为普遍，龙头镯、凤形喜冠等便以纹样直接做造型，也有银器以某一种纹样作为主纹。主纹的选择十分丰富，多为某种植物、动物或其他类纹饰，主纹周围配以单层或多层的几何纹，如曲形、菱形、三角形、折线形、圆圈形等单项几何纹，几何纹的排列可以对称，也可以组合而成。民国傣族土司女眷礼服衣襟上装饰用的银镀金六方牌就是以麒麟、鹿等瑞兽为主纹，六方形宽边内饰有一圈回纹辅助纹，回纹上下为两圈绳纹，每条边上三个回纹，回纹高低大小与边沿相适应，整体主体突出，辅纹的韵律感与主纹的动感完美结合。

连续纹样是以某种纹样为单位，连接、拼组或变形反复出现，布局时可以并排靠连、颠倒对接、双数对称、大小重合，常常配以几何纹进行层次和强弱的对比区隔。双数对称一般主要由向上下左右

两序排列组合而成，向左右连续排列的称为二方连续纹样，向四周连续排列的称为四方连续纹样。二方连续纹样又可分为带状连续纹样和边缘连续纹样。边缘连续纹样是用一个或几个单位纹样组成一个单元纹样向左右两方反复连续，并布置在中心纹样的周围，一般是横式的左右连续，纵式的则较少见；带状连续纹样多以一个单元纹样在长条形的平面上反复连续，多见于手镯。连续纹样可以单独使用植物纹或几何纹反复连续，也可以使用几何纹与植物纹、人物纹、动物纹组合构图。无论是二方连续还是四方连续，都讲究对称，装饰区的主纹样与填充区的几何纹样达到合理自然的安排。连续纹样常常出现在手镯、臂钏等形制适宜的器物上。民国哈尼族錾花银臂箍将连续图案与对称使用得淋漓尽致，堪称典范。主纹为一圈缠枝植物纹，加上臂箍的形制，最适合表现连续纹样的优点。主纹上下各四层对称的辅助纹饰，连珠纹、花草纹、回纹、短线三角纹分别上下对称排列，且植物纹、回纹、三角纹开口方向相互呼应。每层纹饰均为横式连续排列，层次分明，强弱清晰。二方连续纹样也多见于手镯中，手镯中段为植物花卉主纹，主纹两边用几何纹等区隔开对称辅纹。四方连续多见于银牌饰等器物上。哈尼族喜爱使用的胸饰银牌，或乳泡居于正中，连珠纹在中心外四分之一处划出四个半圆形框，框内各饰一尾长身细鱼，框内有足够空间进行发挥。或常见十字花将平面均分为四份，每个空间为四条鱼或鱼、蛙、虾、蟹等图案。

综合纹样是指多种纹样类型相结合的纹样。一类是不同纹样的相间杂配，构成整体的图形纹样；

◆ 民国　哈尼族錾花银臂箍

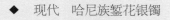

◆ 现代 哈尼族錾花银镯

◆ 现代 哈尼族錾花银镯接口处

◆ 民国　白族蝴蝶变形纹扁簪头

一类是不同纹样组合在一起，已经改变了单独纹样的形状，组成的新纹样既有原来纹样的型味，但又变成了新的图纹。在构图时，综合纹样常常使用方圆、曲直等基本几何形设计布局，通过搭配不同的纹样，采用对称或不对称、均齐或不均齐、连续或不连续，各部分纹样呈分散的状态的构图形式，创造出丰富而又格律严谨的图案。民国白族蝴蝶变形纹银扁簪头是极为典型精致的综合纹样。如意云纹的簪头上使用变形蝴蝶纹为主题，蝴蝶整体造型与如意云纹相随，镂空分为三层，葵花居中，向外一圈左右对称的花草纹夹杂变形蝴蝶纹，一圈螺旋凸起纹神似蝴蝶眼睛，最外面一圈连续连珠纹，布局严谨，设计巧妙。

（二）纹样特点

云南少数民族的银器纹饰极为丰富，在吸收了内地金银器艺术精华的同时，也保持着自身强烈的民族特色与风格。

首先，从题材上来说，既有汉文化中吉祥图案的大量运用，也有源于本民族的神话传说的内容。同时，来自各个民族的图腾崇拜与原生性宗教的因子，也是银器纹样的来源。汉传佛教、藏传佛教、南传佛教、道教等宗教信仰的影响，与东南亚文化间的沟通交流、近代西方文化的传入，都不断给银器图案纹样带来新鲜血液。

其次，从装饰手法上来说，云南少数民族银器将质朴爽朗与精巧细致结合得如鱼得水，注重因形而饰、形中有形。具体装饰十分注重根据器物的形状、面积、功能，选择适合的纹样进行设计，纹样组织结构节奏明快、富于韵律。从大小、数量及形状上，都有疏密、松紧的结合，十分强调节奏感和韵律感。纹样布局上，讲究主次、虚实相呼应，构图严谨。傣族银槟榔盒的外观布局就是最突出的代表，主次分明，构图严谨，富于韵律感。

再者，从装饰形式上来看，纹样抽象与具象相结合，写实与装饰相结合，装饰效果与功能相结合。它最大程度地将美学与实用结合在一起，在一个小物件上充分显示出创作者和佩戴者的细腻心思。一件蝴蝶银挂饰，使用的三个综花造型别具新意，蝴蝶形综花从侧面、正面到放大侧面充分展示了一个动态的过程。

总之，云南各少数民族在丰富的民族文化基础上创造了丰富的银器装饰纹样，在对外来文化的适应、接纳、吸收与整合的基础上，将凝结在银器中的民族历史与文化继承、发扬，寄托了云南少数民族对于幸福、吉祥、美好生活的向往和追求。在实际的使用中，不同地区、不同民族对器型及器型上的纹饰都会有所偏好，这种偏好是约定俗成却并非不能够更改的规定。无论是制作者还是使用者，对银器的纹饰要求非常简单、自由，因地制宜、寓意吉祥、符合审美就足矣。

传承与发展

云南少数民族银器与自然环境、社会环境紧密联系在一起，深深扎根于人们对自然的虔诚热爱中，扎根于深厚的民族历史文化底蕴中，表达了人们亘古不变的对美的追求，实现了人们寻根溯源、述古记事的梦想。云南少数民族银器以民族民间工艺的形式，承载着云南众多民族的历史文化与艺术情感，它不仅是一种历史遗存，更是民族生活的一种存在形式，对现实生活产生着重要影响。云南少数民族银器不仅是历史遗留的财富，其文化内涵更是建设优秀文化传承体系、弘扬中华优秀传统文化的智慧宝库，它的保护、传承与发展，具有极其重要的现实意义。

加强对云南少数民族银器的保护与传承，是在全球化趋势下保护本土文化基因、加强历史文化认同的重要途径，也是保护、传承民族文化的重要方式，对于振奋民族精神、助力中华优秀文化的传播与发展有着重要意义。同时，传承与发展云南少数民族银器，是新时代民族地区发展文化产业、促进经济转型的重要举措。

传承的目的是发展。回首过去，我们可以看到，不同时期的银器体现了不同时代的文化特点、生活方式和审美意象。当前云南少数民族艺术的传承与发展，在对自身进行挖掘整理与反思的同时，也要学会汲取来自其他民族民间艺术的精华，着眼世界，着眼当下。因此，我们在注重

挖掘云南少数民族银器的文化内涵的同时，也应当学习其他艺术形式在装饰造型语言、审美情趣中的艺术启示从而不断创新，通过汲取非物质文化遗产在传承保护方面的有益经验，汲取与东南亚古文化、近现代银器艺术的互动经验，探索出一条传承、发展的可行之路。

一、时代的邀请

云南少数民族银器经历千年的发展，曾经创造过辉煌的历史。20世纪下半叶后，随着社会的变迁与发展，一直绵延不息、不断传承发展的云南少数民族银器无论是内部的传承机制还是外部环境都发生了很大变化，面临着一系列的挑战与困境，这是挑战，也是机遇，是时代赋予的邀请。

首先，银作为货币的职能已经退出了历史的舞台，在现代社会中，白银主要作为一种工业金属，主要用于工业、摄影、银制品中。绝大部分的需求来自工业和摄影，银币、银饰、银器的制造只占到很少一部分。其次，云南传统银器制作工艺的传承一直秉承家族传承的方式，20世纪50年代后由于种种原因影响曾经一度面临失传的危险境地，改革开放后一度复兴，但现代化机器的加入极大冲击了银器的手工加工模式。最后，随着当前经济全球化和文化全球化趋势日趋加强，文化多元一体格局的逐渐形成，中国文化日益进入与世界文化碰撞融合的

进程之中，各民族的文化不可避免地受到不同程度的影响，少数民族受到的文化冲击尤为强烈。人们对银器的需求与审美发生了较大改变，云南少数民族银器作为云南民族民间艺术的组成部分，在传统与现代之间的冲突与转变中也正面临着文化意义的缺失，由一种文化意蕴的载体逐渐转变成为一种浮躁的商业包装行为和缺乏符号意义的快消商品。时代变迁带来的挑战，成为今天云南少数民族银器传承、发展的最大障碍。

然而，与挑战并存的是机遇，是时代给予想要大展拳脚者的邀请。一方面，云南少数民族对银器的需求十分普遍，无论是饰品、生活用具还是宗教用品，都有很大的需求。改革开放后经济的迅速发展也使得人们的购买力大大增强，对银器的消费不断提升，如何传承、发展好云南少数民族银器产业，对于满足人们日益增长的需求有着重要意义。另一方面，云南少数民族银器艺术已经发展成为云南民族民间艺术的重要组成部分，银器制作是云南民族民间工艺品的重要门类。在不断推进民族文化强省和发展文化产业的进程中，银器制作也得到了一定扶持。20世纪90年代以后，云南滇西北民族民间工艺发展迅速，以鹤庆新华村为代表涌现出一批具有一定区域规模和专业化集聚的手工业专业村。傣族、阿昌族等少数民族的传统制银工艺被列入云南省或州、县非物质文化遗产保护目录内，得到进一步发展。曾经濒临失传的技艺也得到恢复与保护。诞生于清代兴盛于民国的永胜珐琅银器，在1947年后逐渐走向衰退乃至歇业，传承至20世纪初仅有永北、三川的唐氏、谭氏继承了这一技艺，传承人不过五六人。随着非物质文化遗产保护工作的加强，以银胎掐丝珐琅为代表技艺的永胜珐琅银器被列入云南省非物质文化遗产保护名录，传承人所制作的珐琅银器近年来屡获工艺美术大奖。

同时，中国现在面临经济转型的关键时期，文化产业以其经济效益好、资源消耗低、环境污染少、人力资源优势受到普遍关注。云南依托民族地区传统文化资源丰富的优势，力图以文化产业的发展作为经济转型的重要路径。

民族民间工艺品以其特有的"属地性"与"属人性"，在文化资源、文化产品的全球化共享与消费中受到重视，如何挖掘、传承其民族文化符号的内涵，成为民族民间工艺品传承、发展的关键，是云南少数民族银器在发展文化产业经济中的优势，也是保护、传承云南少数民族银器的现实意义。

二、银艺新语

全球化背景下云南少数民族银器的传承与发展，实际上就是从文化的传统走向文化的当代及未来。充分挖掘银器背后的文化内涵是其关键，这既包含了对传统的继承，也包含对传统的创新。

一方面，银器是文化传播、传承的纽带与载体。要理解云南少数民族银器艺术、破译少数民族的文化密码，就需要对云南少数民族的历史、文化有着深入的理解，才能够理解银器背后"向同宗异族、祖灵神鬼，向一切现实的或虚构的传讯对象无声地传达的某种信息"，对银器背后的文化符号得到细致而全面的了解与把握。

银器在民俗活动中扮演了重要角色。这是通过世代传袭下来、约定俗成的法则，在特定的群体中、特定的思维模式与文化环境中交流、传播的信息。因此，在对云南少数民族银器及其文化的继承中，必须对历史文化背景有一定的了解，才能够将其精髓传承下来，也才能够进行所谓的创新。在经典图案的使用上，仅仅了解图案是什么是不够的。哈尼族喜爱使用猫头鹰，不仅仅因为其在银器与刺绣上组成的图案生动具有美感，更因为这个图案被赋予了护卫主人在黑夜中的安全与宁静的寓意。在继承这一经典图案的基础上，只有将背后的寓意传播出来，才可以体现其独特性，才能与其他民族、其他图案区别开来，获得人们的喜爱。在银器的使用中，银器除了装饰以外的象征意义也是少数民族银器与其他银器不同的地方。比如云南蒙古族在新婚时新郎会得到女方馈赠的一个银镯，意思是"套住、拴牢"新郎。布朗族女孩在成人礼后从母亲那里继承并佩戴银牌、银铃、银耳环、银手镯等饰品，不仅可以装点自己的美丽还宣示已经成人可以接受追求；男孩则开始得到属于自己的小银盒（装槟榔、石灰、草烟等）、一块毡子和一个袋子，表示从此可以独立出外谋生行事了。南传佛教上座部的戒律中规定，一旦成为沙弥，接受十诫，就"不能戴刀、戴花和银饰物，不能穿有银饰物的衣服"。这些象征意义一经解释、传播，必然能在今天寻找到自己生存、发展的土壤。

此外，作为一种具有特定文化内涵的文化符号载体，银器可作为一种单独存在来表达叙事，但更多时候银器在实际使用中，常常与其他文化符号要素具有"相互作用、相互渗透、相互依存和制约的共生关系"，"形成了一种有机的结合，一种互渗、互补、谁也离不开谁的'有意味的形式'①。它与其他艺术形式组合在一起，寄托了人民对美好生活的向往与追求，寄托了难为人知的意识观念，共同讲述了一个完整的故事，一个关于历史、神话、传说、自然、神灵、人的故事。因此，我们在认识、挖掘这些背后故事及文化内涵的过程中，应当把银器和其他艺术形式放在一起考察，从而汲取有益经验。

---

① 邓启耀：《民族服饰：一种文化符号——中国西南少数民族服饰文化研究》，云南人民出版社2011年版，第14页。

服饰与银饰、银饰与民俗的完美搭配，是讲述各个少数民族银器内涵故事的重要视角。西盟佤族的拉木鼓仪式中，指挥拉木鼓仪式的祭司兼头人"窝朗"，滚白边的红布包头象征太阳，身上的黑布坎肩"甲喊拉牙朗"用白色野鹿果在胸前装饰出太阳和月亮的图案表示永远将日月放在心中。参加仪式的佤族妇女，头戴灿若明月的银头箍、银项圈、银镯、银臂钏、银腰带，可谓是日月交辉。这是佤族服饰和银饰在使用中对于日月星辰崇拜的相互呼应。民间常有佩戴具有驱邪作用的佩饰以达到保命锁魂的传统，无论是基诺族拴姜片还是傣族、佤族、苗族的拴线，抑或是佩戴各式各样的银锁、银项链、银手镯、银脚箍，都是为了"把吉和凶隔开，把人和鬼隔开，把黑暗和光明隔开，把幸福与痛苦隔开"，以便孩童们顺利成长。因此，在对银器的继承中，也应当考虑其与服饰等其他艺术形式、与民俗的经典搭配，不能仅是就银器说银器，而应该将其作为一个完整的故事来考察与继承。

另一方面，当银器赖以生存的社会环境和自然环境产生重大变化时，其传承与发展就不能够简单地只是承袭传统经典，而需要适时地创新。

这种创新建立在云南少数民族银器当代传承者对于民族历史文化的理解上，对银器的艺术形态、制作技艺进行创新，不仅表达个人对于传统的理解与继承，更反映出社会生活与时代背景的变迁。伴随当代少数民族艺术从民间手工艺逐渐向艺术化方向发展，对云南少数民族银器传统符号的解构与重组，是传统银器与当代艺术设计结合的重要创新突破口。应通过对传统银器文化内涵的挖掘，将其传统技艺、样式提炼出来，借助艺术创意的方式，不仅满足人们对于少数民族文化想象与需求，更赋予现在、未来云南少数民族银器鲜活的生命力。

三、非物质文化遗产视野下的传承与发展

由于传统意义上的"社会生境与文化构成遭遇着前所未有的困境与消解"，少数民族银器文化赖以存在的生态环境、社会环境都产生了急速变化，整个社会的文化景观发生了快速改变，原本作为银器艺术基石的民族历史、民族文化其本身就已经受到全球化带来的巨大挑战，民族民间艺术已经很难依照以往的经验以自然的方式进行恢复、发展。在人们逐渐失去对传统历史文化的传承的情况下，云南少数民族银器艺术不得不通过挽救和整理，重新焕发其生命力。近年来，随着对非物质文化遗产保护、传承的重视，由此开展的一系列实践，对于云南少数民族银器的保护、传承与发展有着重要参考作用。同时，非物质文化遗产的保护与传承在今天已经成为云南少数民族银器艺术传承发展的重要环节。

从生产销售来说，目前云南少数民族银器总体

上处于市场需求与产品相矛盾的一个阶段。中国传统金银器的制作工艺，主要由家庭成员之间的传承和师徒之间的传承来实现。由于早期的手工业传承方式具有的保守性的特点，手工加工业因此成为"生存之道"，匠人（艺人）一般只会把自己掌握的手艺传授给自己的子女或直系亲属，很少外传。有些技术高超的手工业者，因为找不到合适的传授者，最后技术随着人离开这个世界，此种现象屡见不鲜。家庭的传承造就了"手工艺世家"的出现，一方面对传统工艺的延续起到了保护的作用；另一方面，从长远来看，家庭为主的传承方式不利于民间工艺的传承与传播。在云南少数民族地区，过去的传统是以银匠走乡串寨来进行经营的。仅昆明、大理等地作为金银器制作集中地，形成一定的制作、销售的网络与规模。

民间艺术只有根植于民间才能焕发生命力，才能激活其应有的价值和意义，也才能让濒临消失的民间工艺与艺术重新活起来。如何在新时代的背景下，对云南少数民族银器的发展进行新的尝试与探索，值得更深入地思考。当社会生活与文化心理发生重大异变的时候，我们需要通过设计理念的创新来激活云南少数民族银器艺术的自身生命力，即通过对传统民间银器艺术符号的解构与组合来创新。在将原本蕴含的、深层隐秘的意义重新解读出来的基础上，将凸显民族特色与风格的元素重新解构、

组合后，形成既有传统文化内涵又有时代视觉表现效果的民间艺术。在设计现代民族银器时，需要对设计理念进行创新，对原有的民族银器元素进行新的演绎和表达，重新组织适合的表现形式，拓展少数民族银器的受众范围。传统的挖掘与继承、设计理念的创新、非遗工作的开展成为非物质文化遗产视野下银器保护与传承的有益尝试。近年来，非物质文化遗产在社会文化环境中的位不断提升，在非物质文化遗产的挽救、保护与传承工作中，国家做了很多努力。一方面，国家将一部分工艺列入国家级非物质文化遗产保护目录，以便更好地保护与传承。云南白族银器制作工艺被列入第一批国家级非物质文化遗产保护目录后，2009年的省级第二批非物质文化遗产目录又将文山壮族银器制作工艺、丽江掐丝珐琅彩银器、傣族银器制作、纳西族银器制作、祥云银器制作等一些曾经创造过辉煌、濒临灭绝的工艺列入其中，使它们逐渐得到传承、发展，重新回到人们的视野中。通过非遗保护目录，国家保证每个项目有一个传承人，并曾规定国家级传承人每年补助20000元、省级传承人补助8000元，补助金额随着时间推移、政策变化有所增加，在有条件的基础下还会建立非遗传承基地，培养更多的传承人。在非遗保护工作中，建立并保护非遗项目档案、收集非遗实物是十分重要的内容，云南省为此专门创建云南民族文化音像出版特色数据库，收

◆ 现代 缅甸银笋塔盒
高14厘米，口径7厘米，底径6.8厘米

集相关影像和实物档案。另一方面，传承人走入高校，由高校聘用优秀匠人讲授、传承自己的绝活手艺，出现了一种新的手工艺传承方式——授课制。由于学生受过高等教育，有一定的理论知识基础和一定的艺术功底，在传承人的指导下能够很好地把理论和实际相结合，设计、打制出与现代潮流相符合的工艺品，从而能够使云南少数民族银器走在时代的前沿。

四、跨境民族视野下的传承与发展

云南拥有长达数千公里的国境线，壮族、傣族、布依族、哈尼族、苗族、瑶族、彝族、景颇族、傈僳族、拉祜族、怒族、独龙族、阿昌族、伍族、布朗族和德昂族等16个民族跨境而居。跨境民族不仅在祖先、血缘上有一定渊源，语言文化、宗教信仰等方面也十分相同或相近。因为迁徙或者国界变动等原因，在不同历史时期，一些在当地生活了数百年、上千年的传统自然部落与族群被人为地用边界分开，但他们的居住区域仍然相连或相邻，风俗习惯相似，语言和文化基本相同，联系与交往仍然十分密切。这样的联系与交往绵延数千年，对云南少数民族与东南亚地区的经济文化交流产生了重要影响。

当我们对人类学提出的东南亚古文化特质进行比较时，可以发现在云南跨境民族中有着很多相似之处。美国民族学家克娄伯（A.L.Kroeber）曾把整个东南亚的古文化特质归纳为"刀耕火种、梯田、祭用牺牲、嚼槟

◆ 20世纪60年代 柬埔寨錾花银塔盒盒身

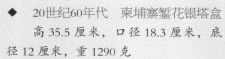

◆ 20世纪60年代 柬埔寨錾花银塔盒
高 35.5 厘米，口径 18.3 厘米，底
径 12 厘米，重 1290 克

◆ 20世纪60年代　柬埔寨錾花银盒盒盖

◆ 20世纪60年代　柬埔寨錾花银盒
高 4 厘米，口径 11 厘米，重 168 克

◆ 现代 印度尼西亚錾花银锣
　　高 24.5 厘米，宽 19.5 厘米，
　底径 8.5 厘米，重 976 克

◆ 现代 柬埔
寨錾花银壶
　　高 28 厘米,
口 径 5.1 厘米,
底径 11.7 厘米,
重 744 克

榔、高顶草屋、巢居、树皮衣、种棉、织彩条布、无边帽、戴梳、凿齿、文身、火绳、取火管、独柄风箱、贵重铜锣、竹弓、吹箭、少女房、重祭祀、猎头、人祭、竹祭坛、祖先崇拜、多灵魂"等内容,这些特质都得到了完整或者不完整的继承。祖先崇拜是东南亚古文化最重要的特质之一,在云南少数民族的记载中,无论是文字还是非文字的记载,对于人类起源、创世神话的追溯一直不曾中断过。图腾崇拜更是云南少数民族历史文化中的重要一页。"穿耳"的习俗也直接体现在云南少数民族的耳饰中。云南少数民族妇女佩戴的粗犷型耳饰,无论是佤族粗大的银耳环还是景颇族尺寸惊人的长条管型银耳柱,抑或是德昂族钉形银耳铛,都是某种程度上对穿鼻儋耳习俗的继承。即便这样,云南少数民族也保留了属于自己民族的内涵与特点,以独特的文化符号书写着民族的历史。

云南少数民族历史上与众多古代民族间的相互交往,使得文化在这里碰撞,也在这里保存。植根于生活与艺术中的云南少数民族银器不仅是云南少数民族文化的"活化石",更是东南亚地区古代民族南上北下、自然迁徙流动的见证者,从而为云南银器在今天的传承与发展提供了重要参照。

由于人们对银器的共同喜爱,银器作为社会经济、文化交流的载体,得到了长期、稳定的发展。多年来,学术界对于云南多元文化交流尤其是东南亚与云南间的交流研究硕果累累,然而从银器的角度加以认识的却不多。目前对东南亚艺术的研究主要集中在建筑、雕刻、造型和工艺美术等角度。20世纪20至40年代,对马来半岛、爪哇岛、印度尼西亚、越南等地进行的知识介绍和资料刊布较多,偶有涉及柬埔寨、老挝、缅甸等国。20世纪八九十年代，泰国、越南、柬埔寨、缅甸、新加坡的研究成果较多，范围更广。21世纪开始后，无论是东南亚美术通史、东南亚某一国家的美术通史或通论东南亚的美术著作，都在近十年内涌现出一批代表作。近年来，针对某一艺术类型或者图像进行专门研究的成果也逐渐丰富。胡春涛提出：国内跨界民族美术研究还比较薄弱，研究同源民族美术在不同时空中的继承与延展以及在跨界背景中受容和变容特征，这一命题具有不可多得的民族学和人类学的价值。从这个角度来说，银器艺术作为一个跨界的文化载体，对于理解东南亚文化的传播与交流有着重要意义。

当我们对云南少数民族银器与东南亚银器进行梳理时，我们惊奇地发现，它们之间存在着紧密联系。越南、泰国、印度尼西亚、柬埔寨、马来西亚等国家制作银器的历史悠久，都曾受到中国银器的很大影响。如越南早期银器在造型、纹饰、制作工艺上，就是明显受到中华文明的影响，保持了中国银器的特点。直到20世纪末越南制作的银船仍可见到中国银器的影响[①]。云南少数民族银器在继承了中国传统银器特色的同时，又孕育出独特的风貌，对周边民族、国家的银器产生了极大影响。当云南少数民族银器影响力较大时，对跨境相连地区的银

器造型与图案产生了较大影响，并吸收了一些异域元素为己用。当云南少数民族传统银器失落时，周边地区的银器反过来对中国跨境民族的银器审美产生一定影响，甚至有意无意间成为传统的代替品。通过对20世纪60至90年代末东南亚银器的欣赏，一方面，我们可以在形制和图案布局上看到相似之处，认知到南传佛教文化在东南亚的巨大影响力，作为天然交流的纽带，南传佛教在东南亚文化中扮演了重要角色，如笋塔盒是模仿南传佛教金刚宝座塔形制的器物，一般用来摆放赕佛使用的物品，使用竹编、髹漆、银等材质制成，在东南亚南传佛教文化圈内普遍使用；另一方面，我们可以看到不同之处，不同地区的历史文化与自然环境，在银器上留上的印记也大不相同。

五、文化的力量

文化是一个国家、一个民族的灵魂。文化自信是中华民族生生不息、走向复兴的精神源泉，是中华民族屹立世界、面向未来的精神脊梁。优秀传统文化是中华民族的根和魂，是中华民族历经磨难而生生不息的历史积淀与思想升华，是中华文明延续传承的"基因密码"，是中华民族在世界文化激荡中卓然屹立的精神命脉。作为优秀传统文化的重要组成部分，少数民族优秀传统文化是建立民族自信、凝聚民族向心力的内在推动力，是少数民族文化传承、发展的根基。

① 刘玉平、张英正：《世界银器概览》，东方出版社2010年版，第22页。

坚定文化自信，就必须保护、挖掘、传承少数民族优秀传统文化，让更多的人了解自己的文化历史、文化基因、文化秘语，进而有意识地承担起保护、传承、发展的责任。云南少数民族银器承载着云南众多民族的优秀传统文化，对其进行保护、传承、发展有着重要的现实意义。

我们应当看到，银器作为一种承载了云南少数民族传统文化的特殊载体，人们对它非常钟爱，在社会生活中普遍使用，使其在边疆少数民族文化的跨境传播中成为一个不容忽视、潜移默化的途径。在某种程度上，云南少数民族银器可以成为民族形象的某种标识，通过加强云南少数民族银器的继承、发展与传播，不断丰富其文化内涵并将之传播开来，讲好中国故事、传播好中国声音。传统的手工技艺和民族历史文化内涵是云南少数民族银器的灵魂，在市场经济和现代消费的巨大冲击下，尽管族群和文化的印记难以磨灭，但对本土文化、民族文化的认同感却在不断减弱。银器的制作越来越商业化，银器千百年来传承下的内涵逐渐衰退甚至消失，即便是本民族的银器制作者，由于种种原因对传统图案的继承仍然十分有限，那些具有较高艺术价值、历史价值的银器精品往往静静地躺在博物馆中，即便有学者进行一定的研究，但多局限在学术领域内，市场转化也就无从谈起，对普通银器制作者、使用者的影响更是微乎其微。这在很大程度上影响了年轻人对于银器及其背后的历史文化的认识、认知与认同，影响了银器传统文化的保护、传承与发展。

对于这门古老的民族民间艺术，我们可以利用现代的设计理念表现古老的银言银语，通过设计者、创作者对于云南少数民族银器的理解与表达，回应当代人对民族文化的想象与寻找。也许外在的表现面貌会与千百年来流传的形制大不一样，但只要本源不变，灵魂仍在。借助艺术设计的创意方式，我们可以唤醒云南少数民族银器艺术的生命力，使它在新的时代中活起来。希望通过对云南少数民族传统银器精品的展示，为世界了解云南少数民族银器打开一扇窗，希望有更多的人可以关注它、保护它，将已讲述了千百年的无声故事继续传承下去。

后　记

缘，妙不可言。2006年，我甫从云南大学中国民族史专业硕士毕业，在云南省博物馆工作的第一项任务就是跟随前辈在文物库房进行民族类藏品的整理工作。民族类藏品的征集与展览一直都是云南省博物馆的工作重点之一。1955年3月，云南省博物馆筹备处在昆明举办云南省少数民族文物展览，共展出1700多套展品，这是云南少数民族文物第一次以大规模展览的形式将各民族的生产、生活、历史文化向公众集中展示。周恩来、陈毅在参观完这次展览后，周总理专门题词"中国各民族团结起来"，指示云南省博物馆要注重对民族历史文化的收集、整理和研究。从20世纪50年代开始，云南省博物馆不断开展少数民族文物的征集工作，收藏了极为丰富的民族藏品，种类繁多，数量庞大，极具历史与艺术价值。

云南省博物馆收藏的民族藏品内容包罗万象，为了更好地管理、研究、展示民族藏品，从2003年开始，云南省博物馆对民族藏品展开持续性的整理工作。我有幸在加入博物馆之初就参与了这项工作，当时第一感觉就是既繁又杂，困难重重。后来，我参与了2009年云南省博物馆馆藏文物信息化工作及2015—2016年云南省可移动文物普查工作，负责民族藏品的相关工作。在藏品管理研究一线长达十余年的工作不仅为我提供了熟悉馆藏的宝贵机会，也让我对丰富多彩的民族藏品及其背后的故事着迷起来。

在众多民族藏品类别中，熠熠生辉的云南少数民族银器以其独特的美感、深厚的文化内蕴牢牢吸引了我。在工作之余，我开始有意识地收集相关资料，学习相关研究成果，越是走近它就越是发现它带给我的惊喜。云南少数民族银器宛如一个尘封的宝藏，拥有那么多值得人们探寻的故事。伴随着了解的加深，我渐渐感到由于种种原因，人们对这一宝藏的认识与挖掘十分有限。云南少数民族银器中的历代精品大多分散收藏在各类机构中，这部分银器的专题展示较少，相关出版物中介绍的数量与种类也有限，因此目前人们对云南少数民族银器的了解仍主要以田野调查资料为主，缺乏对收藏机构实物资料的收集与研究。本书的出版，源自将深藏闺中的云南少数民族银器介绍给更多人的愿望，无论是对于想要了解这一工艺及其文化的普通读者，还是对于进行专业研究的学者，都希望能够有所助益，让更多的人了解云南少数民族银器及其背后的历史文化内涵，进而了解云南少数民族灿烂多姿的历史与文化。

本书在资料收集、撰写和修改过程中，得到了同事、师友、亲人的帮助、鼓励与支持。没有他们的关爱，这本书就不可能完成写作并出版。

感谢云南省博物馆领导及同事在资料收集、使用中给予的大力支持和帮助；感谢云南李家山青铜器博物馆、西双版纳民族博物馆、西双版纳州勐海县文化馆、普洱市博物馆等单位在资料收集、田野调查中提供的无私帮助与支持。书中所用实物照片均来自上述收藏机构并得到相关单位的使用授权，其中未专门注明来源的实物均为云南省博物馆藏品；人物照片为我的忘年交、摄影家吴有诚教授多年前所拍摄，并得到吴老师夫人的授权提供；书中线图扫描自《石寨山第五次挖掘报告》和《江川李家山第二次发掘报告》。在此向各位前辈、学人表示最诚挚的敬意与感谢。

在本书的撰写和修改过程中，得到了林超民老师、潘先林老师、张晖师姐、张玲、冯俊飞及多位师友的鼓励与大力支持。感谢云南省佛学院、西双版纳佛学院、勐海县中心佛寺多位佛法精深、留学国外、精通巴利文的南传上座部僧人，感谢西双版纳傣族自治州少数民族研究所刀金平老师。没有你们的无私帮助，对记事银片上巴利文的解读将是难以完成的工作。

感谢我的父母，在我分身乏术的时候，总是我最坚实的后盾！感谢我的丈夫和女儿，在多年的资料收集和写作过程中，一直陪伴我、支持我！多少次到红河、大理、西双版纳、普洱等地进行田野调查时，我在一旁工作，爱人带着孩子在一旁玩耍，博物馆、村寨、寺院都曾留下我们共同的足迹。如此幸运，可以做自己喜欢的工作、做感兴趣的研究，并且得到来自同仁、师友、家人的全力支持。涓涓细流，终汇成河，研究之路道阻且长，行则将至。

金学丽编审在项目的策划、立项及实施过程中，倾注了大量心血，在书稿修改过程中给予精心指导，没有她的努力，这本书将难以付梓。马滨老师、梁鹏老师的精心设计编排让本书图文熠熠生辉。在此一并致谢。

由于个人的时间及能力有限，接触并收集到的资料也存在局限性。许多曾经过眼的银器精品因为种种原因未能在书中展现风姿。有的仅在图录中欣赏却未能亲自过眼，有的曾观摩实物却没有机会拍照，甚至还有诸多深藏闺中的云南少数民族银器等待着人们的发现与挖掘。在此仅抛砖引玉，愿更多的有识之士了解、欣赏云南少数民族银器这一文化瑰宝，促进云南少数民族银器文化的保护和利用，让它在新时代焕发新的光彩。书中还存在诸多不足，也恳请专家和读者不吝赐教、批评指正。

本书在写作过程中参考了前辈学者及学人的著作及论文，由于篇幅有限，仅附上主要参考文献，还有许多著作及论文没有一一列举，在此一并致谢！

王珺

2018年12月

参考文献

1. 中国科学院民族研究所云南民族调查组、云南历史研究所民族研究室编：《云南省傣族社会历史调查资料西双版纳地区（九）》，1964年。

2. 云南省历史研究所编：《西双版纳傣族小乘佛教及原始宗教的调查材料》，1979年。

3. 杨德鋆、马毅生、黄民初、金小摆编著：《云南民族文物·身上饰品》，北京：文物出版社1991年版。

4. 云南省编辑组编：《云南少数民族社会历史调查资料汇编》（五），昆明：云南人民出版社1991年版。

5. 张增祺：《云南冶金史》，昆明：云南美术出版社2000年版。

6. 华林：《傣族历史档案研究》，北京：民族出版社2000年版。

7. 孙和林：《云南银饰》，昆明：云南人民出版社2001年版。

8. 王海涛：《云南佛教史》，昆明：云南美术出版社2001年版。

9. 李昆生：《云南艺术史》，昆明：云南教育出版社2001年版。

10. 李晓岑、朱霞：《云南民族民间工艺技术》，北京：中国书籍出版社2005年版。

11. 李伟卿：《云南民族美术史》，昆明：云南美术出版社2006年版。

12. 云南省文物考古研究所、玉溪市文物管理所、江川县文化局编：《江川李家山第二次发掘报告》，北京：文物出版社2007年版。

13. 云南省博物馆编：《佛国遗珍：南诏大理国的佛陀世界》，昆明：云南民族出版社2008年版。

14. 吴之清：《贝叶上的傣族文明——云南西双版纳南传上座部佛教社会研究》，北京：人民出版社2008年版。

15. 云南省文物考古研究所、昆明市博物馆、晋宁县文物管理所编：《石寨山第五次挖掘报告》，北京：文物出版社2009年版。

16. 邓启耀：《民族服饰：一种文化符号——中国西南少数民族服饰文化研究》，昆明：云南人民出版社2011年版。

17. 白永芳：《哈尼族服饰文化中的历史记忆——以云南省绿春县"窝拖布玛"为例》，昆明：云南人民出版社2013年版。

18. 扬之水：《中国古代金银首饰》，北京：故宫出版社2014年版。

19. 杨寿川：《云南矿业开发史》，北京：社会科学文献出版社2014年版。

20. 郑筱筠：《中国南传佛教研究》，北京：中国社会科学出版社2016年版。